Meteorología – Climatología

Fundamentos Básicos

AF130906

CÉSAR ALONSO ZULETA

METEOROLOGÍA – CLIMATOLOGÍA

FUNDAMENTOS BÁSICOS

2017

METEOROLOGÍA - CLIMATOLOGÍA: FUNDAMENTOS BÁSICOS

Autor:

César Alonso Zuleta

Revisores:

Dr. Patricia Aguirre (PhD), Ing. Paola Chávez (MSc)

Bibliographical information held by the German National Library
The German National Library has listed this book in the Deutsche
Nationalbibliografie (German national bibliography); detailed bibliographic
information is available online at http://dnb.d-nb.de.
1st edition - Göttingen: Cuvillier, 2017

© CUVILLIER VERLAG, Göttingen, Germany 2017
Nonnenstieg 8, 37075 Göttingen, Germany
Telephone: +49 (0)551-54724-0
Telefax: +49 (0)551-54724-21
www.cuvillier.de

ISBN 978-3-7369-9600-7
eISBN 978-3-7369-8600-8

ÍNDICE

INTRODUCCIÓN

La Meteorología se ha convertido en los últimos años en una de las más importantes disciplinas en el mundo actual que junto con la Climatología nos describen los fenómenos físicos desarrollados en la atmósfera, complementándose con el análisis para enfocar los efectos hacia los seres vivos y de manera particular a los humanos, ecosistemas. Las dos disciplinas han tomado la posición que desde siglos ya les pertenecía, todo esto gracias al flujo de información mundial y antes de nada por el manejo de datos de los elementos meteorológicos y climáticos por la comunidad científica mundial apoyándose en la bondad de las súper computadoras que pueden analizar millones de datos en los modelos desarrollados para de esta manera predecir futuros acontecimientos en tiempos muy cortos.

El libro contiene 13 capítulos. Los cuatro primeros capítulos se relacionan con principios básicos de la atmósfera. Desde el capítulo 5 hasta el 7 se hace una recopilación de las fuerzas mecánicas que actúan sobre la Tierra. Los capítulos 8 y 9 corresponden a la Radiación proveniente del Sol que maneja la mayor parte de la energía del planeta. El capítulo 10 se ocupa de la descripción de la Termodinámica aplicada a los procesos en la atmósfera. Los movimientos del aire están especificados en los capítulos 11, 12 y 13. Se hace un pequeño resumen acerca de los principios de la Climatología.

1 A MANERA DE INTRODUCCIÓN

La Meteorología es una ciencia nacida en los albores de la humanidad, el hombre siempre se ha preocupado de preguntas esenciales en el diario vivir tales como cuándo va llover, cuál será la temperatura de mañana, habrá inundaciones o sequías, etc., esencialmente los acontecimientos extremos han influenciado de manera sensible en el comportamiento de los seres vivos en general. Así es como, a principios del XX, la comunidad científica mundial empezó a tomar conciencia en conocer y describir procesos meteorológicos para luego poder modelarlos y proyectar tendencias a futuro.

De manera similar, el hombre se ha interesado por utilizar la energía producida por el viento, la radiación solar, pero es en el siglo XX cuando se da un fuerte impulso en el desarrollo de técnicas y procedimientos para aprovechar la energía eólica, solar.

Además de la importancia energética, las investigaciones de la Meteorología han cobrado más y más relevancia en diferentes ramas de la ciencia y la tecnología, señalando con esto la interrelación existente entre ellas. Debido al aumento considerable de las emisiones de gases a la atmósfera, las investigaciones se han dirigido a analizar los efectos producidos por la contaminación del aire a los seres vivos.

Aspectos como el Efecto Invernadero, el Calentamiento Global, el Fenómeno de El Niño, encierran un panorama de estudio de los cuales se ocupa la Climatología. En lo siguiente, se hace una breve descripción de la clasificación de la Climatología

Clasificación de la Climatología

Según el punto de vista de investigación o métodos, la climatología se divide en muchas ramas:

1 Según su aplicación práctica:

Agroclimatología, examina el clima según los objetivos agrícolas, enfocándose en la investigación de las relaciones entre el clima y la actividad agrícola, además de concentrarse en su aplicación en la planificación de las actividades.

Climatología de transporte, se ocupa de la visibilidad en las carreteras, tiene una división especial: climatología de aviación. Algunos estudios muestran que el transporte es responsable de un 10 % del total del calentamiento global debido a la emisión de gases, además también se tiene que considerar la contaminación acústica producido por este medio.

Bioclimatología, se ocupa de las necesidades climáticas de los organismos vivos, además de estudiar su ambiente. La bioclimatología vegetal se interesa por las relaciones de las plantas y el clima. La meteorología médica examina los efectos producidos por las variaciones de los elementos climáticos dando énfasis en el equilibrio térmico, la influencia de la radiación en el cuerpo humano, y las posibles enfermedades relacionadas con el clima.

Climatología Técnica, examina las condiciones climáticas de construcciones, los puntos de vista para ubicar centros industriales, etc., utiliza descripciones estadísticas de las tendencias y variabilidad de elementos meteorológicos tales como la precipitación, temperatura, viento, etc.

2 Según el método de investigación aplicado

Climatología Clásica, que caracteriza el clima con la ayuda de los parámetros estadísticos, tales como medianas, frecuencias, valores extremos, etc., factores que ayudan en el entendimiento de la evolución a través del tiempo del clima

Climatología Sinóptica, clasifica los climas según las situaciones climáticas vistas en el mapa sinóptico (según frecuencias de situaciones).

3 Según el espacio ocupado

Macroclimatología, caracteriza el clima con la ayuda de los datos medidos en la caseta meteorológica normal situada a 2 m de altura.

Microclimatología, examina el clima de la capa de aire bajo el nivel de 2 m. Esta capa es importante porque aquí viven las plantas. También pertenecen a este grupo el clima de las viviendas, de los lugares de trabajo, etc.

Aeroclimatología, estudia el clima de la atmósfera superior. Su objeto es la codificación de los datos climáticos de las radiosondas, sondas de raqueta, etc.

<u>4 Según la época examinada</u>

Paleoclimatología, examina el clima de los períodos de la historia de la Tierra, por ejemplo: examina el clima dela edad de hielo y las causas de su formación.

Neoclimatología, se ocupa con la investigación del clima actual.

2. NOCIONES ACERCA DE LA FORMACIÓN DE LA ATMÓSFERA

La capa de aire que cubre la Tierra nunca ha sido la misma, ha variado siempre durante las épocas geológicas y muchas veces su forma ha cambiado radicalmente, su forma actual fue concebida no hace mucho tiempo (en medidas históricas de la Tierra).

El proceso de su formación no es conocido con una puntualidad suficiente. Según las suposiciones, después de haberse producido el Sistema Solar y con la puesta en marcha del reactor atómico nuclear del Sol, el viento solar producido por medio de la energía corriente "sopló" el hidrógeno y los demás gases ligeros (livianos) de la superficie de los planetas interiores más cercanos. Mientras tanto, el planeta primitivo de la Tierra perdió gran parte de su masa original y se condensó. Esto tiene que haber sido un proceso muy lento durante el cual los elementos livianos (hidrógeno, helio) que formaban parte principal de la masa de la "primera atmósfera", se fugaron lentamente, las moléculas más pesadas se quedaron.

En lo subsiguiente fue de una gran importancia que el "clima primitivo" de la Tierra dio la posibilidad para la condensación y concentración de gran parte del agua. Después del proceso explicado, la Tierra fue cubierta probablemente por una "atmósfera secundaria" formada por vapor de agua, metano, amoníaco, nitrógeno, mucho dióxido de carbono y por poco hidrógeno, el oxígeno aparecía principalmente en muchos tipos de compuestos. Esta capa era muy delgada pero densa.

En ese tiempo la temperatura de la Tierra podría haber estado oscilando entre los -10 ^{0}C, sin embargo, debido a la gran cantidad de dióxido de carbono la temperatura aumentó gradualmente. (El dióxido de carbono y el vapor de agua tienen la propiedad de que permiten sin ningún obstáculo la radiación solar de onda corta proveniente del sol, en cambio, la radiación de onda larga que se refleja de la superficie de la tierra es absorbida por ellos, a esto se llama el **efecto invernadero**.

Así se puede suponer que, debido al efecto descrito del dióxido de carbono, la temperatura de la superficie terrestre llegó a las 0 ^{0}C hace aproximadamente unos 3,5 billones de años atrás. Simultáneamente, el contenido de vapor de agua aumentó y comenzó la circulación atmosférica del agua. Ese proceso condujo a la concentración del agua de los océanos y con ello a la formación de las condiciones necesarias para el aparecimiento de la vida terrestre.

Los componentes de la "atmósfera secundaria" metano y amoníaco produjeron una solución, luego de introducirse en el agua de los océanos en formación, en la cual y por efecto de la radiación ultravioleta del sol se formaron soluciones orgánicas. Ellas produjeron las primeras condiciones de vida. Hay que tomar en cuenta que la atmósfera en esa época contenía poco oxígeno y por eso tampoco había mucho ozono, debido a esto los rayos ultravioletas del Sol podían llegar sin ningún obstáculo a la superficie y a donde llegaban no podían producirse las condiciones necesarias para la vida.

Es por eso que se supone que la vida comenzó en el fondo de los océanos donde el efecto de la radiación UV no era considerable. Sin embargo, la radiación visible si tenía su efecto y comenzó la fotosíntesis. Los primeros organismos debían ser algas y bacterias, ellas se podrían haber desarrollado entre los 10 m de profundidad. Con el tiempo se produjeron tales organismos que durante su función vital fotosintética desarrollaron oxígeno y carbono. Así habría comenzado la producción en masa del oxígeno molecular O_2 y con ello la formación de la "**atmósfera actual**".

Al comienzo del paleozoico (aproximadamente hace 600 millones de años), el aumento del oxígeno atmosférico y con ello el aumento de la concentración del ozono dio la posibilidad de la expansión de la vida hacia las capas superficiales del agua.

Aproximadamente hace 400 millones, con el aumento continuo de la concentración del oxígeno, se traspuso el nivel donde se produce mayor cantidad de ozono, esto es a los 20 km. Así se podía comenzar la conquista de la vida en los continentes.

En lo posterior y a consecuencia de muchos procesos, el nivel del oxígeno probablemente osciló grandemente, pero de forma gradual se fue formando hasta llegar a tomar la forma actual.

De todas formas, debemos estar muy claros que la composición química, estratificación y muchas más cualidades actuales de la atmósfera están estrechamente ligadas con los procesos vitales que se desarrollan en los océanos y en la superficie de los continentes. Incluso, no se podría explicar la actual composición de la atmósfera sin el efecto regulador activo de la biomasa (Ella también se regula a sí misma).

Problemática:

El Efecto Invernadero, el desarrollo de la industria desde comienzos del XIX ha hecho que la cantidad de los llamados gases de tipo invernadero, como son el O_3, CO_2, H_2O, CH_4, sean emitidos hacia la atmósfera en cantidades mucho mayores que en los siglos anteriores causando el denominado **Calentamiento Global**.

Calentamiento Global definido como el aumento de la temperatura media global de la Tierra causado principalmente por el Efecto Invernadero.

Atmósfera Actual caracterizada por un aumento de productos químicos primarios y secundarios productos de la emisión de gases contaminantes generados por la industria, tráfico vehicular.

3. COMPOSICIÓN DE LA ATMÓSFERA

La atmósfera contiene alrededor de $5,6 \times 10^{15}$ toneladas de aire y otros materiales. Es una masa enorme pero muy pequeña en relación a la masa de agua de la hidrósfera cuya masa es aproximadamente $1,46 \times 10^{18}$ toneladas y el 94 % de ella está en los océanos.

La masa total de la tierra es de $5,98 \times 10^{21}$, su volumen es de $1,08 \times 10^{21}$ m^3.

La mitad de la masa del aire se encuentra bajo los 5 km, el 99 % bajo el nivel de los 30 km.

El peso molecular del aire y del nitrógeno no se diferencia en mucho, 28,973 y 28,022. La composición del aire, consecuentemente su peso molecular, es constante sólo en la capa aproximada de 85 km, llamada homósfera.

En la capa inferior de 25 – 30km se encuentran los principales gases, su distribución en volumen es la siguiente (y con una buena continuidad):

Nitrógeno	(N_2)	78,084 % V
Oxígeno	(O_2)	20,946 % V
Argón	(Ar)	0,934 % V

Además de ellos y con una buena continuidad también, se encuentran los gases nobles:

Neón	(Ne)	18,18 ppm (partes por millón)
Helio	(He)	5,24 ppm
Krypton	(Kr)	1,24 ppm
Xenon	(Xe)	1,24 ppm

Los gases restantes pueden ser considerados como variables. Además de representar su porcentaje en volumen, se acostumbra señalarlos con el llamado **tiempo medio de permanencia atmosférica, τ.**

Son componentes de variación lenta:

Elemento	Nomenclatura	Concentración (ppm)	τ (años)
Dióxido de carbono	(CO_2)	400,00	15
Metano	(CH_4)	2,00	4
Hidrógeno	(H_2)	0,50	6.5
Óxido de nitrógeno	(NO)	0,25	8
Ozono	(O_3)	$(0-5)x10^{-2}$	2
Monóxido de carbono	(CO)	$(1-20)x10^{-2}$	0.3

Son componentes de variación rápida:

Elemento	Nomenclatura	Concentración (ppm)	τ (años)
Vapor de agua	(H_2O)	$(0,4-400)x10^2$	10 – 14 aprox.
Dióxido de nitrógeno	(NO_2)	$(0-3)x10^{-3}6$	
Amoníaco	(NH_2)	$(0-2)x10^{-2}7$	
Dióxido de azufre	(SO_2)	$(0-2)x10^{-3}4$	
Hidrógeno de azufre	(H_2S)	$(0-3)x10^{-3}2$	

El tiempo medio de permanencia atmosférica, τ, significa que llegando la molécula de gas a la atmósfera cuánto tiempo va a permanecer en ella, es el tiempo esperado.

Es un factor, aunque sorprendente, que la composición de la atmósfera y el peso molecular del aire sea invariable hasta los 90 – 100 km, hasta la **turbopausa**, esta capa es llamada **turbósfera** más conocida **homósfera** por su similitud en la composición. Lo dicho se refiere a los gases continuos.

Algunos componentes variables juegan un papel importante en la atmósfera, ellos son el O_3, CO_2, H_2O.

Existe una pequeña **capa de ozono** (O_3) pero es capaz de absorber los rayos UV (menores a 0,3 μm) que son mortales para la vida terrestre, además es importante también para asegurar el balance de energía – radiación en las capas de aire más altas.

La distribución vertical del ozono está caracterizada por lo siguiente: su concentración aumenta hasta los 25 km, después disminuye, a los 50 km es muy pequeña y a los 70 km de altura su cantidad es ínfima. En la formación del ozono juegan dos procesos físicos que se siguen uno a otro.

El primero: la fotodisociación del oxígeno molecular durante el cual y por efecto de la radiación solar de UV se produce el oxígeno atómico.

El segundo: el choque y unión de los átomos de oxígeno con el oxígeno molecular en la presencia de algún catalizador, M, (generalmente nitrógeno):

$$O_2 + hv \rightarrow O + O$$

$$O_2 + O + M \rightarrow O_3 + M$$

Para la desintegración de las moléculas de ozono, también es importante la fotodisociación producida por los rayos UV:

$$O_3 + hv \rightarrow O_2 + O$$

$$O_3 + O \rightarrow 2O_2$$

Los dos procesos se mantienen en equilibrio!. (Agentes exteriores pueden modificarlo).

El dióxido de carbono, (O_3), juega un papel importante en el balance de energía del sistema Tierra – Atmósfera debido a que absorbe la radiación terrestre de onda larga en algunas bandas (débilmente entre los 10 μm y de forma fuerte entre los 4, 3 y 15 μm). Como habíamos visto, el contenido de CO_2 oscila entre los 400 ppm. Es necesario recalcar que su valor en el siglo 19 era de 290 ppm. Su aumento se debe a la creciente utilización de materiales carburantes fósiles. Los océanos y la biomasa juegan un papel decisivo en la regulación del contenido de CO_2 de la atmósfera.

De entre los gases variables de la atmósfera, el vapor de agua juega el papel más importante sin lugar a duda, (**H_2O**).

Además de ellos, son importantes las partículas sólidas y las gotas líquidas que juntas con el aire forman el aerosol atmosférico. Su concentración depende en gran parte de la medida de sus partículas, así como también de la altura sobre el nivel del mar, latitud y del tiempo. Los aerosoles son importante por dos razones: la primera porque los aerosoles de tamaño grande (0,1-1 μm) y gigante (1-100 μm) ayudan al proceso de formación de la lluvia como núcleos de condensación. La segunda porque disminuyen la capacidad de permeabilización de radiación atmosférica cuyo efecto es debilitar la radiación solar que llega a la superficie. De esta forma influye en el balance de energía del sistema Tierra – Atmósfera. Una parte de los aerosoles son de procedencia natural, otros por efecto de la actividad humana.

4. ESTRATIFICACIÓN VERTICAL

Aunque la atmósfera está en continuo movimiento, su estratificación vertical sigue leyes estrictamente severas a causa de la gravedad de la Tierra y a los diversos procesos de radiación. De acuerdo a eso describiremos su estratificación vertical.

La atmósfera de la Tierra se extiende hasta el límite del campo magnético de la Tierra, conocido como la **magnetopausa**.

El viento solar, es decir la corriente de protones y electrones que fluyen del Sol a gran velocidad, al contactarse con el campo magnético terrestre produce una cavidad: esta es la **magnetósfera**, su capa límite se denomina **magnetopausa**. En el viento solar se produce un frente (zona) de choque. Entre la magnetopausa y el frente de choque se produce una región momentánea (pasajera) turbulenta.

Debido al efecto del viento solar, la magnetósfera "se aplasta" por el lado del Sol, en cambio en el lado contrario, se estira, a esto se lo llama "cometa geomagnético".

La asimetría que se presenta con dirección del Sol depende del ángulo que cierra el eje magnético de la Tierra con dicha dirección.

En la parte interior de la magnetósfera, en la región que contiene las líneas cerradas de flujo se encuentra la zona de radiación (o zona de captación de partículas) algunas de las cuales eran llamadas anteriormente "Regiones de Van Allen". Esta zona es casi simétrica al eje magnético.

Del lado del Sol, el límite entre el Sol y la "atmósfera de la Tierra" se encuentra a unos 60 – 70 mil km.

Grafico 1. Regiones de Van Allen

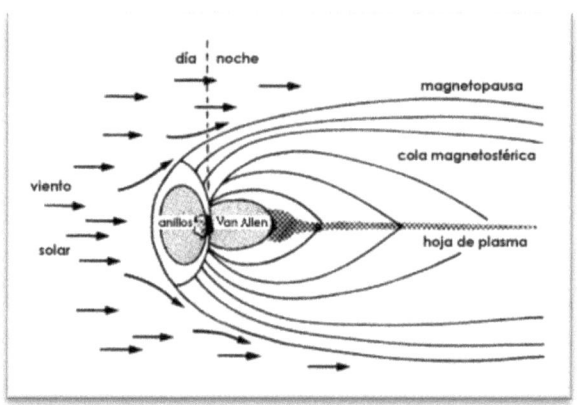

Fuente: Tes Global (2016)

Tomando en cuenta sus divisiones y denominaciones podemos coger dos puntos básicos:

1. El punto de vista de la *química del aire* que saca a relucir la composición material de la atmósfera

2. El punto de vista de la *física atmosférica* que enfatiza la estratificación térmica de la atmósfera, así como también los procesos eléctricos y magnéticos.

Explicando con detalle

1 Desde el punto de vista de la *química del aire*, la región baja de 250 km de la atmósfera puede ser dividida en dos partes diferentes: en la **homósfera** que se extiende hasta la turbopausa, situada aproximadamente a los 90 - 100 km y en la **heterósfera** situada sobre la anterior.

En la homósfera la composición de los gases componentes es casi invariable y de acuerdo a esto, el peso molecular es considerado como similar.

Gráfico 2. Estratificación química y física

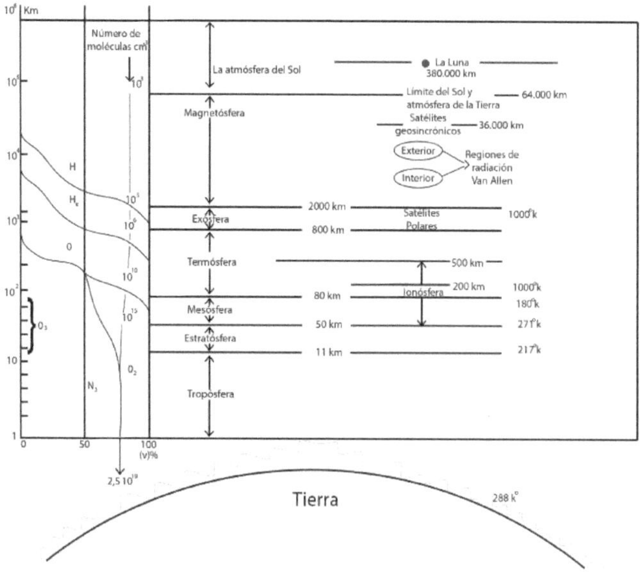

Fuente: Czelnai, R. (1983). **Elaborado por:** Zuleta,C.(2017)

La turbopausa forma una región pasajera que juega un papel decisivo en la transmisión de los efectos entre las zonas más bajas y más altas. A los 90 – 100 km (y de allí más arriba) comienza la disociación del oxígeno molecular (O_2) y de acuerdo a esto varía la composición del aire.

Algo más arriba de los 100 km, la corriente de naturaleza turbulenta de las capas inferiores es cambiada por un movimiento laminar llamada corriente laminar. Aquí ya no existen movimientos de mezcla efectivos y por eso domina la separación difusa de las diferentes moléculas de gas.

Por lo tanto, en la heterósfera y a causa de estos dos procesos, la composición material varía rápidamente en dirección vertical.

Aproximadamente sobre unos 200 km, la atmósfera molecular pasa a ser una atmósfera de átomos, el oxígeno atómico (O) se hace dominante en lugar del nitrógeno molecular (N_2). Desde los 1000 km, es el helio (He) que coge el papel dominante y desde los 2500 km el hidrógeno (H).

Encima de estas capas, el sentido de la temperatura se hace interesante debido a la disminución de la densidad del aire, las mediciones de temperatura por medio de las raquetas de radiosonda se vuelen inseguras. Es por eso que la temperatura se la prueba medir a base de las mediciones de la velocidad del sonido para lo cual es necesario conocer el peso molecular medio, la presión del aire y la densidad. Esta medición indirecta no presenta problemas hasta los 100 km – hasta la turbopausa – debido a la composición invariable.

Más arriba de los 100 km se presentan dos problemas: la distancia entre las moléculas del aire es tan grande que la temperatura cinética pierde su significado (ésta se basa en los choques de las moléculas). Por otra parte, con la variación de la composición de la atmósfera, varía el peso molecular atómico. Bajo los 100 km, las dos temperaturas son casi similares.

2. La OMM aceptó la distribución preparada por Nicolet (1960) en la cual se distingue la estratificación térmica de la atmósfera. Según esto podemos diferenciar cuatro regiones de temperatura avanzando de bajo hacia arriba: la tropósfera, estratósfera, mesósfera y termósfera. Es fácil recordar que la primera y tercera están caracterizadas por una disminución vertical de la temperatura, mientras que la segunda y cuarta están definidas por el aumento de la temperatura. Desde el punto de vista de la meteorología, la región de 30 km que abarca una parte tanto de la tropósfera como de la estratósfera es la más importante. Sin embargo, aquí la estratificación ya varía fuertemente dependiendo de la latitud y de las estaciones. Es por eso que si queremos dar una generalización, entonces sólo podemos describir las relaciones de estratificación media de la atmósfera.

5. LOS MOVIMIENTOS DE LA TIERRA

La Tierra es un planeta del Sistema Solar, pero éste es sólo un grupo sencillo de la Vía Láctea (galaxia). Fuera de ella existen una infinidad de galaxias (extra galaxias) que también forman grupos. La Vía Láctea también se encuentra en uno de estos grupos (supergalaxias). Los grandes grupos se encuentran en grupos mayores y así sucesivamente ellos en otros más y debido a esto no podemos determinar exactamente que cuántos tipos de movimiento realiza la Tierra.

Movimientos del Sistema Solar

El movimiento de mayor importancia desde el punto de vista de los procesos atmosféricos es la rotación del sistema solar alrededor del centro de la Vía Láctea que se ubica en la dirección de la galaxia de Sagitario. Su velocidad de rotación es de 220 – 240 km/s, la longitud de su recorrido elíptico es de alrededor de 200 mil años luz y para hacer un recorrido completo se necesitan 250 millones de años.

Mientras el Sol recorre dicha ruta, atraviesa por nubes de polvo cósmico de diferente densidad. Según la teoría de Hoyle y Lyttelton, esto puede jugar un papel importante en la formación de las grandes épocas glaciales que se repiten cada 220 – 250 millones de años. Sin embargo, para aceptar esta hipótesis, tenemos que ver que estaríamos en plena época glacial pero el Sistema Solar está situado en un ambiente donde hay poco polvo interestelar. Por lo tanto, tuviéramos que suponer que el polvo cósmico no disminuye, sino que aumenta la cantidad de energía solar que llega a la Tierra gracias a la difusión de la radiación.

El movimiento relativo del Sol con relación a las estrellas está caracterizado por el siguiente factor: el Sol se acerca con una velocidad de alrededor de 20 km/s hacia la estrella más brillante del cielo norte de verano hacia α-Lyrae (Vega) que a la vez está situada en la galáctica de Lyra (Lant). La Tierra sigue al Sol en esta ruta en forma de un descorchador.

De esta manera o con una mayor velocidad se mueven una en relación a otra las demás estrellas, y está calculado por ejemplo que la Osa Mayor (galáctica) cogerá otro tipo de forma, diferente a la actual debido a esto después de 50.000 años.

Movimientos dentro del Sistema Solar

Estos movimientos los podemos relacionar por ejemplo con sistema de coordenadas que está determinada por la situación de estrellas lejanas. Estas estrellas son llamadas también estacionarias porque su situación relativa relacionada una a otra y viendo desde la Tierra (por su gran distancia) parece invariable durante siglos. Pero ya sabemos que ellas se mueven y a gran velocidad, por lo tanto, también el sistema de coordenadas fija de las estrellas estacionarias es también relativo, aunque en lo siguiente vamos a llamarla sistema de coordenadas absolutas. Mirando desde el sistema de coordenadas absolutas podemos afirmar que el Sol y junto a ellos el Sistema Solar giran en la misma dirección.

Si llamamos la parte norte del hemisferio terrestre como la parte norte del Sistema Solar, entonces podemos ver que la rotación mencionada es de dirección Oeste – Este, contraria al giro de las manecillas del reloj. Esto es llamado como "la dirección de rotación directa" dentro del Sistema Solar. Además de eso, el plano de rotación de los planetas es casi similar, sólo el plano de rotación de Mercurio se baja 7^0 y la excentricidad es de 17^0.

Los tiempos de giro y rotación de los planetas también son diferentes. Incluso las diferentes zonas del Sol también giran con velocidades diferentes (la región cercana al ecuador solar gira en 25 días terrestres, la región cercana a los 80 para lo mismo se necesita de 34 días).

De entre los movimientos interiores del Sistema Solar, naturalmente los movimientos de la Tierra son los más importantes. De entre ellos, los principales son: la rotación de la Tierra alrededor del Sol, el giro alrededor de su eje y la variación de los "elementos de campo" porque ellos determinan las variaciones (estacionales y diarias) temporales de la cantidad de energía solar que llega a la Tierra. Además, también son importantes aquellas fuerzas mecánicas (la fuerza centrífuga y la fuerza Coriolis) que son consecuencias indirectas de la rotación de la Tierra. Junto a ellos, en la atmósfera se presentan los efectos de las mareas solares y lunares, aunque no con tanta regularidad y significancia como en los océanos, mares y lagos.

La Tierra rota alrededor del Sol en un campo elíptico y el Sol se encuentra en un foco de esa elipse. La diferencia de esta elipse con relación al campo circular es muy pequeña: la diferencia de la distancia entre el Sol y la Tierra medida en el perihelio (cercanía al Sol) y en el aphelio (lejanía del Sol) es de apenas 3%. La diferencia causada por esto apenas se puede distinguir en la cantidad de energía solar que llega a la superficie.

Gráfico 3 Movimientos de la Tierra alrededor del sol

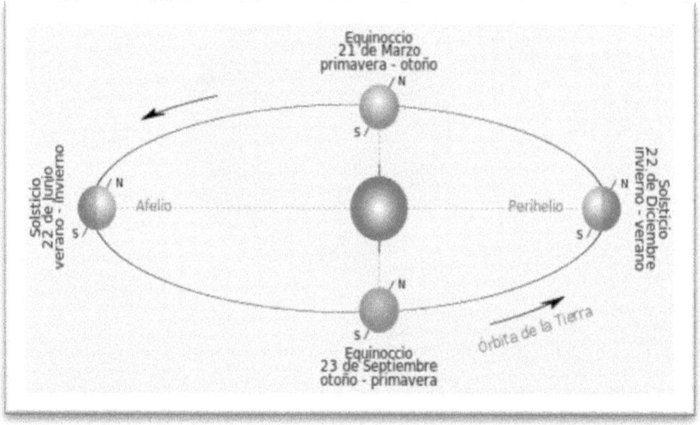

Fuente: AstroMía (s.f)

Sin embargo, es mucho más importante la situación de que el eje de giro de la Tierra no es perpendicular al plano de rotación sino cierra un ángulo de $66,55^0$. En otras palabras, el eje de giro de la Tierra se inclina $23,45^0$ en relación a la perpendicular levantada desde el plano del recorrido de la Tierra y esa inclinación se mantiene con una constancia digna de llamar la atención (hay algunas variaciones, pero esas no las consideramos en primera aproximación).

Gráfico 4 Inclinación axial de la tierra

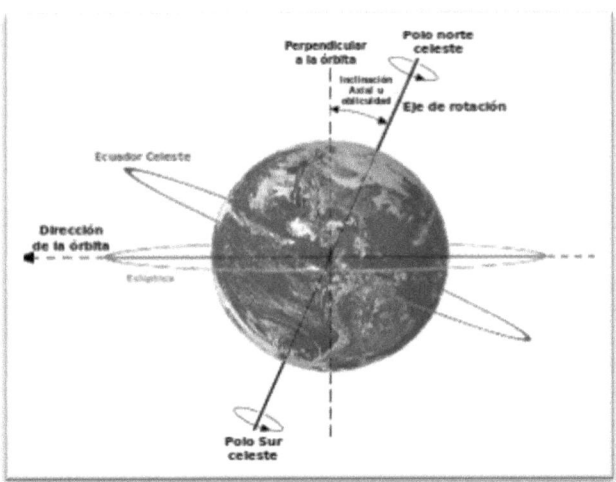

Fuente: Mansilla, H (2017)

Aquí lo que es importante, a causa de la inclinación relativamente constante, la distribución territorial de la energía solar que llega a la Tierra varía regularmente durante el año. La variación es menor a lo largo del Ecuador, la mayor es en la región de los polos.

En base a los anteriores gráficos, las leyes pueden ser resumidas en lo siguiente: la Tierra durante el año, es decir durante una rotación completa, dos veces llega a un lugar en el que los rayos solares caen perpendicularmente hacia el eje de giro. Estos dos tiempos son el equinoccio de primavera (21 de marzo) y el equinoccio de otoño (23 de septiembre). La duración del día y de la noche es similar en esas fechas.

Después del equinoccio primaveral los días se hacen más largos en el hemisferio norte y más cortos en el hemisferio sur, así en el polo norte hay día durante medio año y en el sur, noche.

Después del cambio a verano (21 de junio), los días se hacen más cortos en el hemisferio norte, en el sur se alargan. Así llega el equinoccio de otoño (23 de septiembre) cuando los días y las noches nuevamente tienen la misma duración, en el polo norte se termina el día de medio año, en el sur la noche. Desde ahí sigue el espejo de todo el proceso: los hemisferios norte y sur cambian de papel.

<u>Otros movimientos de la Tierra</u>

La atracción del Sol, la Luna y los planetas obstaculiza de diferente manera el giro y rotación de la Tierra. Por eso, la situación del eje de la Tierra, así como también los elementos de campo de la Tierra muestran variaciones de diferentes ciclos. Las variaciones más significativas de la situación del eje terrestre son la "precesión" y la "mutación".

La Precesión (P) es un movimiento vorágine del eje terrestre, tal como el trompo lanzado en posición inclinada. Para que complete una vuelta total de su cúpula se necesitan 25.754 años. Es un movimiento que tiene dirección similar al giro de las manecillas del reloj. Una consecuencia de esto es que el equinoccio de primavera se atrasa muy despacio. Desde el punto de vista de la variación del clima puede tener algo de significancia porque varía la situación del equinoccio de primavera con relación al perihelio y aphelio y con ello varía la duración del invierno, inverno, etc.

La otra consecuencia es que varía la situación relativa del sistema de estrellas vistas desde la Tierra.

La Nutación (N) también influye en el movimiento del eje, es una consecuencia de los efectos de "molestia" conjunta entre la Tierra y la Luna. Esas molestias no existieran si es que la Tierra fuera un globo perfecto. Pero debido a que alrededor de la línea ecuatorial "se ensancha" y el plano de recorrido de la Luna no compagina con el de la Tierra, se producen unos momentos de giro que prueban voltear el eje de giro de la Tierra de su posición normal.

Gráfico 5. Precesión y Nutación

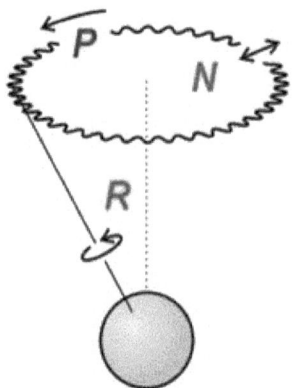

Fuente: Mier Hoffman, J (s.f)

Además de ellos, varían los "elementos de campo" de la Tierra. Estos efectos son causados por los grandes planetas (por ej. Júpiter). Se pudo comprobar una oscilación periódica de 40.000 años durante la cual el plano de recorrido de la Tierra varía con relación al plano de movimiento de los demás planetas (se inclina un poco).

Además, también hay un período de 90.000 años durante el cual crece y disminuye la longitud del eje menor del recorrido elíptico de la Tierra.

El eje mayor de la elipse gira cada 11.000 años y por eso el lugar del perihelio y el aphelio también varía.

Según algunas suposiciones, las variaciones descritas anteriormente, pueden dar una explicación a las oscilaciones del clima cuyo período está en el rango de los diez mil y cien mil años.

6. LAS FUERZAS MECÁNICAS QUE ACTÚAN SOBRE LA ATMÓSFERA

Estas fuerzas se originan de la atracción de la masa de la Tierra y de su movimiento. Durante la explicación de este tema se consideran las fuerzas que hacen efecto a la masa unitaria (dichas fuerzas están descritas por el 2do Axioma de Newton

La Fuerza de Gravedad

Como deseamos examinar la fuerza de gravedad que actúa sobre la unidad de masa, tenemos que hablar de la aceleración de gravedad, **g**, que está formada por dos componentes:

- por la aceleración gravitacional **G**, producida por la tracción de masa de la Tierra

- por la fuerza centrífuga **a$_f$** producida por el giro de la Tierra

Se tiene que **g** = **G** + **a$_f$**

Gráfico 6. La Fuerza de la Gravedad

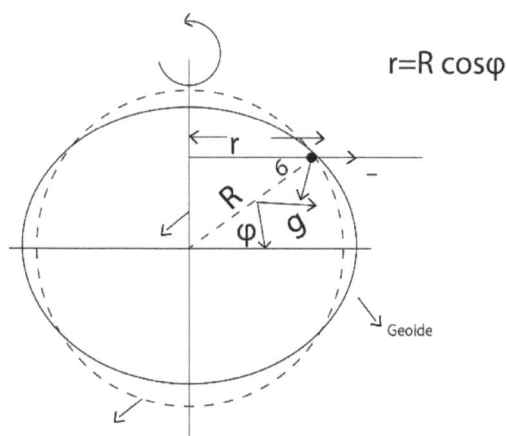

Fuente: Czelnai,R .(1983). **Elaborado por:** Zuleta,C. (2017)

A causa de su propia masa, la Tierra produce un campo de fuerza gravitacional. Si la distribución de la masa de la Tierra fuera uniforme y su forma fuera un globo regular, entonces la aceleración gravitacional **G** de un cuerpo situado a una altura z sería:

$$G = Y \, M(R + z)^{-2}$$

donde:

M = $5{,}98.10^{24}$ kg

Y = $6{,}6716.10^{-11}$ Nm^2 Kg^{-2} la constante gravitacional de Cavendish

R = 6.371,22 km, el radio medio de la Tierra

En una Tierra real, en la cual no es uniforme la distribución de la masa y su forma tampoco es regular sino un geoide (en los polos aplastado y a través del ecuador ensanchador, a causa de ello el radio polar es de aproximadamente 6357 km, el radio ecuatorial es de aproximadamente de 6378) la aceleración gravitacional varía de lugar en lugar.

Otro componente principal de la aceleración gravitacional es la fuerza centrífuga a_f que actúa sobre la masa unitaria cuya magnitud y dirección es la contraria de la aceleración centrípeta, $a_f = -a_c$.

Es conocido que cualquier cuerpo que rota en un círculo, realiza movimiento acelerado pues su velocidad varía. Esta variación – en el caso de rotación de velocidad angular uniforme - sólo afecta la dirección de la velocidad perimetral **v**.

Gráfico 7. La Velocidad angular

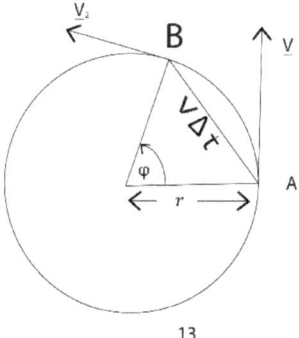

13

Fuente: Czelnai,R.(1983). **Elaborado por:** Zuleta,C.(2017)

El cuerpo que rota con una velocidad angular Ω en un recorrido circular de radio r llega al punto B desde el A en un tiempo Δt. Si el arco recorrido es lo suficientemente pequeño entonces se lo puede considerar como una recta y su magnitud es similar a la velocidad perimetral **v** multiplicada por Δt. Durante ese mismo tiempo, el vector de la velocidad perimetral varió de v_1 a v_2.

De acuerdo a la semejanza de los triángulos:

$$\frac{V\Delta t}{r} = -\frac{\Delta V}{V}$$

donde el signo negativo significo que la dirección de Δv y **r** es contraria, por lo tanto:

$$\frac{\Delta V}{\Delta t} = -\frac{v^2}{r}$$

y debido a que V = Ωr, $\frac{\Delta V}{\Delta t} = a_c$, r = Rcos⬚, **$a_f$ = -a_c**

entonces:

a_f = Ω^2 Rcos⬚

$$\frac{\Delta V}{\Delta t} = a_c = -a_f = -\frac{v^2}{r} = \Omega^2 r^2 \frac{1}{r} = \Omega^2 R cos \phi$$

Se puede ver que la fuerza centrífuga a_f que actúa sobre la unidad de masa es proporcional al radio r y tomando en cuenta el gráfico 9. se puede expresar como un múltiplo del radio de la Tierra multiplicado por cos ⬚, donde ⬚ representa la latitud. De esto se desprende que la fuerza centrífuga es 0 en los polos y a través del ecuador la mayor.

La fuerza centrífuga puede ser descompuesta en dos componentes de acuerdo a las reglas relacionadas a las cantidades vectoriales. El primer componente muestra hacia afuera desde el centro de la Tierra por lo tanto en dirección contraria a la aceleración gravitacional. Partiendo de esto, el valor de la gravedad es mayor en los polos (9,83 ms^{-2}) y a través del ecuador la menor (9,78 ms^{-2}). Su valor exacto se da como una función de:

$$g = 9,80621 \, (1 - 0,00264 \, \cos 2⬚) \, ms^{-2}$$

El otro componente de la fuerza centrífuga es de dirección tangencial y causa que el vector de la aceleración de gravedad no muestra puntualmente hacia el centro de la Tierra sino hacia un punto del eje de giro que cae a una región del hemisferio contrario.

Gráfico 8.

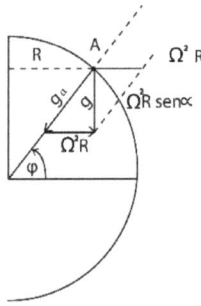

Fuente: Czelnai,R.(1983). Elaborado por: Zuleta,C. (2017)

La fuerza de gravedad se compone de la gravedad absoluta, g_a, que muestra al centro de la Tierra y de la fuerza centrípeta $\Omega^2 R$, donde:

Ω es la velocidad angular de la rotación de la Tierra.

R es el vector de radio de partícula A tirado desde el eje de giro de la Tierra.

$$g_a = -\gamma M \frac{1}{r^2} \frac{r}{r}$$

$$g = g_a + \Omega^2 R$$

Desde el punto de vista físico, la fuerza de gravedad es aquella fuerza que hace efecto al punto material de masa unitaria.

La Fuerza Centrífuga

Puede ser expresada de la siguiente manera

a_f = -Ω x (Ω x R)

donde:

Ω es el vector de la velocidad angular del giro de la Tierra

R es el vector de la partícula del aire

La Fuerza Coriolis

Si un cuerpo se mueve relacionándolo a un sistema de giro, para ese cuerpo tenemos que introducir la fuerza Coriolis como una fuerza relativa para que el Axioma II de Newton sea aplicable.

Supongamos que un cuerpo se mueve uniformemente en un sistema de coordenadas inercial. Si a este cuerpo lo observamos desde un sistema de coordenadas giratorio cuyo eje de giro es perpendicular a su plano de movimiento, experimentamos que el movimiento será un movimiento curvado de dirección contraria a la dirección de giro. De esta manera, en el sistema de coordenadas giratorio resulta una fuerza relativa que desvía al punto de masa del movimiento lineal uniforme. Esta fuerza de desvío se denomina fuerza de Coriolis.

Mirando el sistema de coordenadas giratorio, el movimiento relativo será un movimiento acelerado cuya aceleración es igual a la suma de la fuerza de Coriolis y a la fuerza centrífuga. La fuerza Coriolis es perpendicular al vector de la velocidad y solamente varía la dirección del movimiento. Si señalamos como la fuerza Coriolis con C, el vector de la velocidad angular del giro de la Tierra con Ω, el vector de velocidad de la partícula de aire con **V**, entonces

C = -2 Ω x **V**

Escribiendo como una determinante, la multiplicación vectorial y desarrollándola, llegamos a la conclusión que:

C es perpendicular a **V**

7. FENÓMENOS DE MAREA

La atracción de masa de la Luna y el Sol, el giro de la Tierra y los movimientos relacionados entre los cuerpos celestes producen ciertos efectos conjuntos de fuerzas que ocasionan transposición de masa en la atmósfera terrestre y en los océanos. Estos fenómenos ya eran conocidos en los océanos desde hace mucho tiempo.

En cambio, sobre los fenómenos de marea atmosférica se sabe poco. En las capas bajas donde la observación sería más fácil, los fenómenos en sí son muy débiles. Más arriba, la situación es contraria: los efectos de las fuerzas que forman las mareas se presentan relativamente fuertes, al mismo tiempo su observación implica un gasto económico muy grande pues los aparatos son muy costosos.

Efectos que forman la marea

Limitamos nuestra atención a los efectos de formación de marea ocasionados por la Luna y el Sol, los efectos de los demás cuerpos celestes son despreciables. En un principio vamos a ver el efecto de la Luna pues es más fuerte que el del Sol. Posteriormente veremos el efecto del Sol, el efecto térmico.

La Luna gira alrededor de la Tierra en 27.32 días, llamado mes sidérico.

El centro de masa de los dos cuerpos se encuentra situado a 0,73 R donde R es el radio de la Tierra.

El centro de masa se puede calcular fácilmente, la masa de la Tierra es 81,3 veces mayor que la de la Luna, la luna se halla situada a una distancia de 60,3 R de la Tierra. De aquí se deduce que al calcular la distancia r entre el centro de masa común y el centro de la Tierra:

$81,3\ r = 60,3\ R - r$

$r = 0,73\ R$

Debido a esto y a que la dirección de rotación de la Luna es similar a la dirección de giro de la Tierra, el día lunar es de 24 h 52'. Esto da el ritmo, según el cual la atracción de la Luna varía encima de un punto dado de la Tierra. Lo sorprendente es que el ritmo del fenómeno de marea producido por efecto de la Luna no es de

24 h 52' sino de la mitad 12 h 26'. En este período se repiten los valores más altos y más bajos de las mareas.

Newton dio la explicación a este fenómeno: mientras que la fuerza centrífuga originada del movimiento común del sistema T – L es semejante en todos los puntos de la Tierra y está compensada al centro de la Tierra (es decir, en el centro de masa de la Tierra mantiene equilibrio con la atracción de masa de la Luna), la atracción de masa de la Luna es mayor que el valor compensado en el lado que muestra a la Luna y menor en el lado contrario.

Las fuerzas resultantes hacen su efecto de la manera siguiente: todos aquellos puntos que están más a la Luna que el centro de la Tierra, se quieren mover hacia la Luna, los puntos pertenecientes al otro hemisferio, en cambio, en la dirección contraria. Así, todo lo movible (agua del océano, aire) se ensancha en la parte que mira a la Luna y en la parte contraria a ella, y se cierra entre los dos puntos de los hemisferios.

Las fuerzas de marea creadas por la atracción de la Luna y por la fuerza centrífuga del giro común varían dependiendo de la variación de la distancia T – L y de otros factores.

A efecto de las fuerzas de marea, los medios líquidos que rodean la Tierra prueban ordenarse de tal manera que forman contramareas en el lado frente a la Luna y al lado contrario de ellos. Así entre dos contramareas pasan, teóricamente, 12 h 26'.

El Sol también causa fenómenos de marea cuyos valores alcanzan sólo un 5/11 de la causada por la Luna. Es importante anotar que, en algunos lugares, las fuerzas de marea de la Luna y el Sol se suman. Cada 29 y medio días se repiten dos veces (cada mes sinódico): luna nueva y luna llena, en estos días se presentan fuerzas muy fuertes, la llamada marea viva. En cuarto creciente y en cuarto menguante, en cambio, las fuerzas de marea de la Luna y el Sol están perpendiculares y dañan el efecto de cada una, es la llamada marea ciega.

La medida de la oscilación, es decir la relación entre las fuerzas de marea viva y ciega se recibe de la proporción entre las fuerzas de marea de la Luna y el Sol (aproximadamente 11:5), en números: de (11 + 5) a (11 – 5) que es aproximado a 8 a 3.

Marcha Marina

Es el nombre dado a los fenómenos de marea. Teoréticamente las variaciones de la superficie marina deberían seguir un ciclo de 12 h 26', por lo tanto la diferencia de tiempo entre el aparecimiento del nivel más alto (contramarea, marea creciente) y el nivel más bajo (marea) tendría que ser de 6 h 13'.

En la realidad, la figura es mucho más compleja porque el ciclo teórico esperado varía de manera significante dependiendo de la forma de la base del mar y de los efectos de fricción de la superficie de las playas.

En los océanos abiertos, el ascenso y descenso del nivel del agua es de aproximadamente 1 m, en los mares interiores sólo de 10 a 40 cm, a través de las costas que miran a los océanos abiertos y en las desembocaduras de los ríos que se abren desde allí y en las bahías puede alcanzar hasta los 15 m.

Para la formación concreta de la marcha marina, se tiene que tomar en cuenta muchos factores y con su complejidad se los puede explicar. Los fenómenos tales como los que suceden en el Golfo de México y Vietnam donde sólo se observa una marea cada día, en cambio, en la desembocadura del Amazonas se observan cuatro.

Fenómenos de Marea Atmosférica

En la atmósfera, los fenómenos de marea se presentan de diferente manera que en los océanos. Para poder entender la pregunta, introduzcamos las denominaciones de día lunar (24 h 52') y de día solar (24 h).

Períodos lunares	Períodos solares
L_1 = 24 h 52'	S_1 = 24 h
L_2 = 12 h 26'	S_2 = 12 h

Laplace P.S (1749 – 1827) ya observó el efecto especial de que en la atmósfera – desviándose completamente del caso de la marcha marina – no son los períodos lunares sino los solares los que predominan. Después de muchos análisis, descubrió que los períodos S_2 son mucho más fuertes que los L_2.

Las investigaciones posteriores reforzaron dichos descubrimientos. Según datos de Chapman, S. y Westfold, K.C., las amplitudes promediales de las oscilaciones de período S_2 y L_2 experimentadas en las oscilaciones de la presión del aire varían de acuerdo a las diferentes latitudes.

La primera pregunta es por qué es más fuerte S_2 que L_2 cuando sabemos que el efecto de marea gravitacional de la Luna es 2,4 veces mayor que el del Sol. Incluso Laplace ya reconoció que probablemente hay que buscar la explicación en los efectos térmicos del Sol. Pero con ello nos enfrentamos a otro problema: si se habla de efectos térmicos, entonces por qué la amplitud del movimiento armónico S_1 de 24 horas es sólo la mitad del S_2 cuando el recorrido diario de la temperatura en el período S_1 es aproximadamente 2,5 veces más fuerte que el S_2 (o sea es justo lo contrario).

En relación a la primera pregunta, las investigaciones posteriores dieron la razón a las suposiciones de Laplace con el complemento de que el aparecimiento fuerte de los efectos solares primeramente es una consecuencia del calentamiento de la atmósfera causado por el ozono y el vapor de agua.

Para la segunda pregunta, Thomson, W (Kelvin) supuso que el movimiento armónico propio de la atmósfera puede tener un período de resonancia de alrededor de 12 h. Según la "teoría de resonancia", el movimiento armónico de medio día, S_2, habría recibido un refuerzo de 80 – 100 veces debido a la resonancia supuesta.

Pero nuevamente hubo otro problema: para que suceda eso, alrededor de la estratopausa (cerca de los 50 km), se debería suponer una temperatura de 350 K. Como sabemos a esa altura, en verdad es alta la temperatura, pero es de sólo 270 K. Tomando en cuenta esta temperatura, la resonancia esperable sólo puede dar un refuerzo muy débil (de sólo tres veces) al movimiento armónico de 12 h.

Por lo tanto todavía se espera una solución a por qué S_2 es mucho más fuerte que S_1?. Es una pregunta muy difícil de contestar, pero la posible respuesta sería así:

En la atmósfera completa de la Tierra (por lo tanto, en promedio global), la amplitud de la oscilación de 12 h de la temperatura es de aproximadamente la 4/10 partes de la amplitud del recorrido diario de 24 horas. Esto se entiende de la siguiente manera: la asimetría del recorrido diario de 24 h, en el caso de una descomposición en componentes armónicos da como resultado un componente de

12 h lo suficientemente fuerte. Parece que el componente de 12 h puede hacer efecto más fuerte que el de 24 h de recorrido diario debido a causas geográficas. Se supone que a causa del ritmo doble de la ubicación de los continentes y océanos se forma la llamada ola de marea" no nómada" cuyo número de onda es justo dos.

Resumiendo: el Sol, moviéndose en un recorrido relativo, diariamente pasa dos veces sobre grandes superficies de (tierra) continentes y océanos, de acuerdo a esto, diariamente da dos "golpes" térmicos a la atmósfera y de esta manera refuerza l componente S_2. Esta suposición, en cambio, desde el punto de vista de la dinámica no tiene solución.

De todas maneras, hay que recalcar que los fenómenos periódicos producidos por medio de los efectos térmicos del Sol son los que predominan.

Los efectos de formación de marea producida por la gravitación son insignificantes en la troposfera y aún en la capa de los 100 km también son ínfimos con relación a los demás procesos.

8. LA RADIACIÓN ATMOSFÉRICA

Las fuerzas mecánicas hasta aquí tratadas en sí mismas no son capaces de producir movimientos de aire de suficiente energía. Si sólo esas fuerzas hicieran su efecto, la atmósfera tomaría un estado de equilibrio y giraría junto con la Tierra en un campo de gravedad tremendamente fuerte. Los movimientos de aire débiles periódicos producidos por las fuerzas de formación de marea gravitacional serían de valor considerable sólo en las capas superiores, en las capas inferiores, más densas, los movimientos apenas serían observados.

Por lo tanto, para que en la atmósfera se produzcan movimientos significativos, tendrían que aparecer otras fuerzas aparte de las mecánicas. Estas fuerzas son dadas por la radiación electromagnética del Sol. Es por eso que la investigación de la "fuerza térmica" producida por medio de la radiación solar es un trabajo de suma importancia para la meteorología.

Cuando examinamos los procesos relacionados con la radiación solar desde el punto de vista meteorológico, estamos buscando respuesta a la pregunta de qué pasa con el flujo de energía de intensidad invariable y continua que llega del Sol desde el momento en que llega a la atmósfera. La pregunta de mayor peso es: cómo se desarrolla la circulación de la radiación en la atmósfera, considerando al Sol como una "fuente exterior" invariable y la Tierra como un sistema que cumple ciertas condiciones de frontera. Según esto, desde el punto de vista de la Meteorología, lo interesante es la redistribución atmosférica durante la cual la radiación solar se refleja en la atmósfera y nubes, se dispersa, se absorbe, nuevamente se refleja, una parte de ella alcanza la superficie terrestre, ahí y dependiendo de sus cualidades se refleja o se absorbe, calienta los continentes y océanos, de allí y en forma de rayos de onda larga nuevamente va a la atmósfera sobre la cual pasa o nuevamente se absorbe, dispersa, etc. en ella.

Todo el proceso es extremadamente complicado y por eso se necesita una consideración sistemática.

Se llama **Radiación Atmosférica** a todos los procesos de radiación de onda corta y larga que se desarrollan en toda la atmósfera.

Nociones Básicas de Radiación

Las diferentes formas de radiación (radiación de luz visible, radiación de color, etc.) son fenómenos cotidianos que pueden parecer sencillos. En realidad, son procesos muy complicados. Se debe diferenciar dos tipos de radiación, la radiación de partículas y la radiación electromagnética que juega un papel más importante en la atmósfera.

La radiación de partículas es el flujo de partículas que se mueven a gran velocidad, pueden ser iones y neutrones sin carga.

La radiación electromagnética es el flujo de fotones (partículas de masa de equilibrio cero). La expansión de estos rayos está determinada decisivamente por su "naturaleza de onda", la energía de los fotones es inversamente proporcional a la longitud de onda de la radiación.

$E = h\nu$, donde $h = 6,62.10^{-27}$ erg.s

Las dos características principales de las radiaciones magnéticas son la velocidad de expansión (v) y la longitud de onda (λ). Las dos determinan la frecuencia:

$\gamma = v \, \lambda^{-1}$

La velocidad de expansión es independiente de la longitud de onda y de las cualidades del cuerpo que irradia la radiación. Depende, en cambio, de la densidad del ambiente por el que atraviesa. En un campo de vacío, la velocidad de expansión es similar para toda clase de radiación electromagnética, la velocidad de expansión de la luz:

$c = 2,998.10^8$ ms^{-2}

Es de anotar que la radiación electromagnética natural, en la mayoría de los casos se compone de un conjunto de diferentes longitudes de onda y se expande en diferentes bandas.

Si ordenamos las diferentes radiaciones electromagnéticas según su longitud de onda y frecuencia, recibimos las siguientes bandas de frecuencia:

Gráfico 9. Espectro de la Radiación Solar

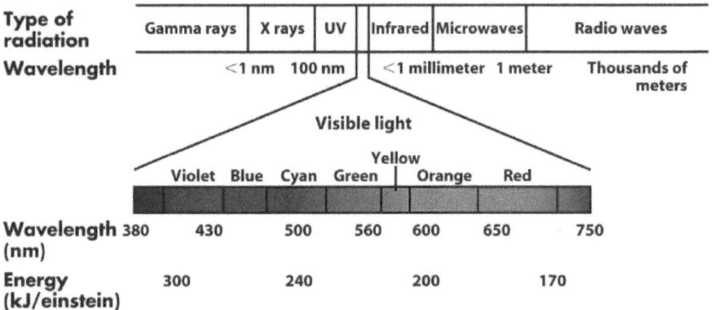

Fuente: Ecured (2017)

La siguiente importante cualidad es la fuerza de radiación que se la caracteriza con el flujo de radiación y con la radiancia.

Flujo de radiación (ɸ) es la cantidad de energía expedida o recibida en la unidad de tiempo. En el SI: J/s = Watt

La radiancia (L) es una expresión más compleja que expresa el flujo de radiación expedido o recibido por la unidad de superficie. El valor de L puede ser calculado teóricamente así: si derivamos el flujo de radiación completo (ɸ) según la superficie (A) y el ángulo de campo (ω).

Debido a que la normal de la superficie que expide y la que recibe no cae necesariamente hacia la misma dirección de expansión del rayo en cuestión sino cierra un ángulo θ, entonces recibimos la siguiente ecuación:

$$L = d^2 \emptyset \frac{1}{dAd\omega cos\theta}$$

donde θ es la distancia al zenit

Unidad de medida:

$$\left[\frac{w}{m2xsteroradián}\right]$$

Además de este factor geométrico, la radiación también depende de la temperatura superficial del cuerpo. Sin embargo, la temperatura superficial radiante determina también la longitud de onda y la energía que el cuerpo dado está irradiando.

Si señalamos como L_λ la radiancia observada en la longitud de onda λ (radiancia en este caso" densidad espectral de radiancia"), entonces la radiancia completa L:

$$L = \int_0^\infty L_\lambda \, d\lambda$$

La situación se complica porque la radiancia depende también de las cualidades materiales del cuerpo irradiante (calidad de la superficie, calor, etc.) Es por eso que se tuvo que crear un "irradiante perfecto" que existe sólo teóricamente llamado "cuerpo negro" o a veces llamado también "cuerpo negro absoluto". El cuerpo negro cuenta con dos cualidades importantes: la una, que absorbe completamente todos los rayos que caen sobre él, la otra, que irradia con la mayor radiancia posible teórica dada una temperatura determinada.

En la práctica, los cuerpos irradiantes se aproximan muy bien pero nunca llegan a coger las cualidades del cuerpo negro. Sin embargo, todas las leyes relacionadas a la radiación siempre se relacionan con el cuerpo negro.

La más principal ley de radiación es la Ley de Planck que dice cómo irradia un cuerpo negro de temperatura T en cada longitud de onda. Esta ley expresa la radiancia en la forma de la densidad espectral perteneciente a una longitud de onda λ.

$$L = c_1 \lambda^{-5} \frac{1}{e^{c_2/\lambda T} - 1}$$

Donde:

$c_1 = 3{,}742.10^{-16}$ $\text{Jm}^2 \text{ s}^{-1}$

$c_2 = 1{,}439.10^{-2}$ m °K

De la ley de Planck se desprende que la longitud de onda que irradia con radiancia máxima de un cuerpo negro cómo depende de la temperatura. Esta relación se expresa de manera sencilla por la Ley de Wien (*):

$$\lambda_{max} = \frac{2898}{T_c}$$

Unidad de medida: $[\mu m]$

Ésta es llamada también como *la ley del desplazamiento* porque muestra que con el aumento de la temperatura λ cómo se desplaza hacia las longitudes de onda más cortas.

El valor de 2898 puede ser determinado sólo empíricamente. Ese valor es reconocido desde 1970.

La ley del desplazamiento también es utilizable para que con su ayuda se determine la temperatura del cuerpo negro irradiante partiendo de las medidas del espectro de la radiancia. (En el caso de no ser un cuerpo negro, la fórmula (*) da la llamada "temperatura de color" (T_c) que en el caso del Sol es de 300 °C mayor que la temperatura verdadera.

Gráfico 10. Ley del Desplazamiento de Wien

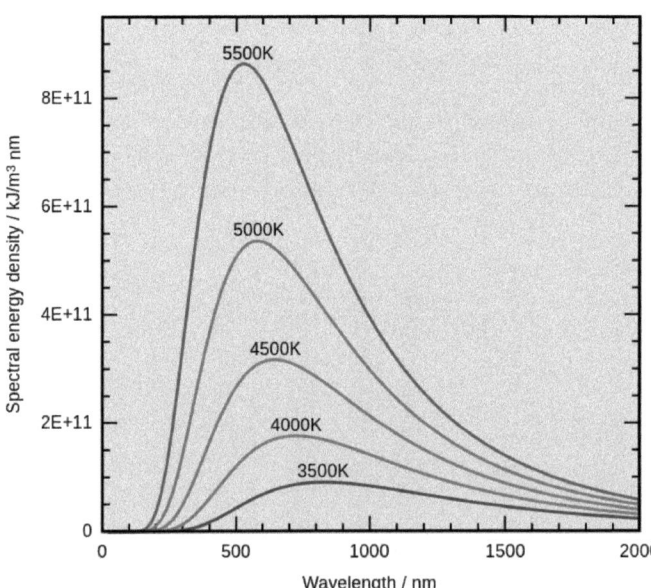

Fuente: adaptado del libro de Adkins C. J. Thermal (1987)

De la Ley de Planck se puede deducir otra ley importante que dice que la unidad de superficie de un cuerpo negro de una temperatura dada durante la unidad de tiempo cuánta energía expide totalmente. Esta expresión la recibimos si integramos los dos lados de la fórmula que describe la Ley de Planck (csillag) según la longitud de onda y los ángulos de campo.

El resultado es la Ley de Stefan – Boltzmann (**): $E = \sigma T^4$

Donde: σ es la constante de Stefan – Boltzmann = $5,67.10^{-8}$ Wm^{-2} °K^{-4}

Es de anotar que, en el caso de no ser cuerpos negros, la fórmula (**)1 puede variar debido a la variación de temperatura en relación a T_c de la Ley de Wien (*) y justo por eso es llamada la <u>temperatura efectiva</u>.

9 LA RADIACIÓN DEL SOL

1 Sus Cualidades: la energía solar es producida por procesos de fusión atómica que se realizan en el interior del Sola una temperatura de 20 – 50 millones de grados y a una presión extremadamente alta. Durante este proceso de átomos de Hidrógeno se forman átomos de Helio. La energía así producida fluye continuamente hacia la superficie del Sol.

El núcleo solar está cubierto por una envoltura brillante llamada fotósfera que está compuesta por gases a alta temperatura y desde aquí se irradia la energía solar hacia el espacio. La brillantez de la fotósfera no es continua, se puede observar que se alternan manchas oscuras (manchas solares) con territorios brillantes. Este cambio alterno nos sugiere que el flujo de la energía solar a la superficie está acompañado de procesos turbulentos.

La siguiente esfera y que además recubre la fotósfera, es una envoltura de mucha menor temperatura llamada Capa Invertida. Ésta a la vez está cubierta por una capa de color rojizo y de menor densidad llamada Cromósfera. Al final encontramos la Corona que es un territorio enorme de color plata blanco que está formada por gases raros, se extiende a muchos millones de km y por ejemplo abraza a toda la atmósfera terrestre en toda su medida.

La superficie del Sol en la mayor parte del tiempo es prácticamente tranquila, sin embargo, de vez en cuando suceden unos fenómenos especiales. La llamada Actividad Solar es un nombre que reúne algunos fenómenos especiales que pueden ser las manchas solares, protuberancias, explosiones solares, etc. Cuando aparecen estos fenómenos se aumenta intempestivamente la radiación corpuscular del Sol. En cambio, la radiación electromagnética del Sol se mantiene invariable, es decir es independiente de los procesos de actividad solar. (No se tiene conocimiento aún sobre el efecto que causa la radiación corpuscular a la atmósfera baja. Dicha radiación se compone de protones y electrones).

Gráfico 11. Capas del Sol

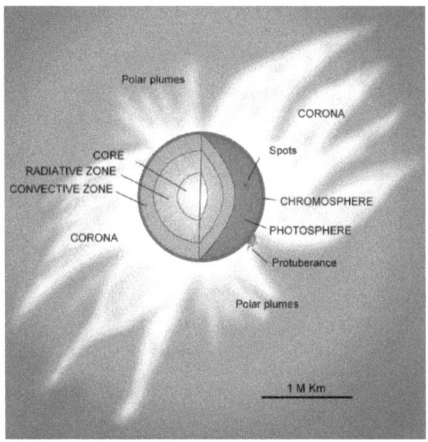

Fuente: Serra.M & Casado.J & Jiménez.M.(s.f).

El 99% de la radiación electromagnética del Sol cae en la banda entre los 0,15 y 4,0 µm, con esto se puede calcular la temperatura de color del Sol basándonos en la fórmula 20 de Wien:

λ_{max} = 0,474 µm

T = 2898/0,474 = 6100 °K

Naturalmente la pregunta es cuánta cantidad de energía llega a la frontera exterior de la atmósfera de la Tierra por medio de la radiación del Sol durante la unidad de tiempo. (Esta cantidad es determinada por medio de medidores de radiación colocados en cohetes) Según los datos de medición: en el caso de una distancia media Tierra – Sol, la cantidad de energía que llega a la unidad de superficie $[1m^2]$ ubicada en el límite exterior de la atmósfera durante la unidad de tiempo $[s]$ es de:

S = 1390 Wm^{-2}

Este valor se llama la <u>Constante solar</u>. Según últimas medidas, su valor ha aumentado en un 1,5% debido al perfeccionamiento de los instrumentos.

La Distribución en Tiempo y en Espacio de la Radiación Solar al llegar a la Atmósfera y Superficie

Primeramente, vamos a concentrarnos en los principales factores geométricos que se producen por la rotación, giro e inclinación dela Tierra.

Se tienen que tomar en cuenta tres aspectos:

-Durante la rotación de la Tierra varía la distancia Tierra – Sol.

-Los rayos solares llegan en diferentes ángulos hacia los diferentes puntos de la Tierra

-La Tierra tiene propia sombra que en cualquier situación cubre la mitad de la superficie, sin embargo, avanzando desde las capas altas hacia arriba alcanza un menor porcentaje.

En relación al primer aspecto, podemos decir que la variación de la distancia en realidad es muy pequeña. El uno de enero cuando la Tierra está más cerca del Sol, la distancia es de 1,67% menor que el promedio, el uno de julio, cuando está en el punto más lejano, su distancia es1,67% mayor que la promedio.

Sin embargo, debido a que la radiación es inversamente proporcional al cuadrado de la distancia, el uno de enero llega 3% de energía más que el valor de la constante solar S, y el uno de julio 3% menos. Esto significa que, en el hemisferio sur, el verano es en la cercanía del Sol y en el hemisferio norte en la lejanía del Sol.

El segundo aspecto es de mayor importancia. Los rayos solares llegan a la superficie terrestre en los diferentes territorios geográficos en diferentes ángulos y estos ángulos varían significantemente durante el año. Esto lo podemos ver en el gráfico 15.

Grafico 12

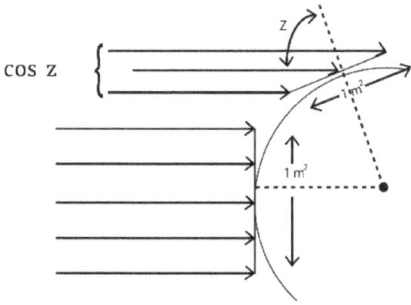

Fuente: Czelnai,R.(1983). **Elaborado por:** Zuleta,C.(2017)

El flujo de radiación que cae a la superficie inclinada es proporcional al coseno del ángulo z que está formado por la dirección de la radiación que llega con la perpendicular levantada a la superficie que recibe los rayos. Z es llamado como la distancia del zenit.

Resumiendo.

-De las capas más altas de la atmósfera, cada vez cae un menor porcentaje en la sombra de la Tierra.

-Cuando comienza el verano, con el aumento de la altura crece aquella región atmosférica donde el Sol continuamente se encuentra sobre el horizonte.

-Cuando comienza el invierno, disminuye aquella región atmosférica que se oscurece durante un medio año y sobre el polo y en una determinada altura hay día continuamente incluso en invierno.

Por último y tal vez lo más interesante, en las capas altas de la atmósfera, sobre los polos se recibe más cantidad de radiación solar en suma total que en las regiones de menor latitud.

Nueva distribución atmosférica de la radiación solar

Hasta aquí hemos visto cuánta energía de radiación llegaría a la superficie de la Tierra y a las demás capas de la atmósfera en las distintas latitudes geográficas si la atmósfera permitiera pasar esas radiaciones sin ningún obstáculo.

Aproximándonos a la realidad, vamos a ver qué pérdidas tiene la radiación del Sol mientras atraviesa por la atmósfera.

Por eso comencemos con factores de experimento a detallarse en el siguiente gráfico: en él se puede ver el espectro de la radiación solar que llega a la superficie terrestre. El gráfico fue hecho en un cielo sin nubes y en una situación de humedad relativa media y libre de contaminación del aire artificial. La variación de las curvas nos muestra su relación con el espectro que llega al límite exterior de la atmósfera. Las pérdidas ocasionadas por las diferentes causas, es decir las variaciones producidas se llaman "extinción atmosférica".

Gráfico 13. Espectro de la radiación solar

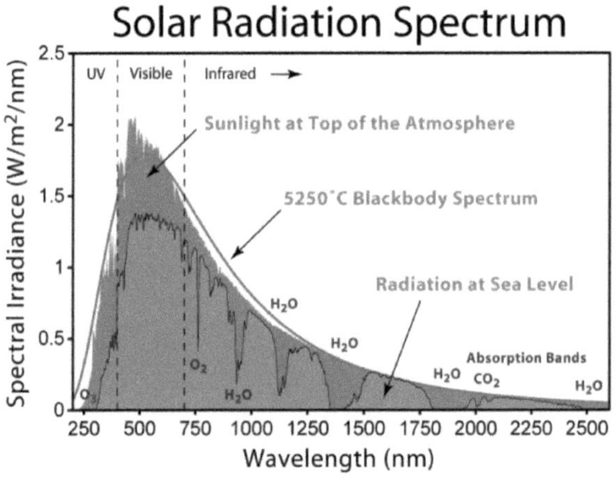

Fuente: Deng Gengbo (2017)

Analizando el espectro se puede apreciar que en todas las longitudes de onda hay pérdidas durante el paso por la atmósfera, varían según la longitud de onda.

1 La Absorción

Es un proceso físico durante el cual los átomos y las moléculas restan cuantos de energía del flujo de radiación. A efecto de los cuantos de energía absorbidos, los electrones de los átomos absorbentes se generan y cambian los estados de giro y oscilación de las moléculas. Esos mismos átomos y moléculas más tarde nuevamente pueden irradiar la energía absorbida.

El factor de la absorción es atestiguado por las oscuraciones compuestas de líneas y franjas finas que se encuentran en el espectro de la radiación solar. Esas son las llamadas líneas y franjas de absorción. Una parte de ellas ya se producen en la atmósfera solar (exactamente en la capa invertida del Sol) y son llamadas las líneas de Fraunhofer. La otra parte es una consecuencia de la absorción resultante en la atmósfera de la Tierra.

La primera parte importante por absorción es la que se produce al cruzar el escudo de ozono. Es debido a esto que los rayos de longitud de onda menores a 0,29 µm no llegan a la superficie terrestre. Puntualmente hablando, el ozono absorbe los rayos situados entre las longitudes de onda de 0,29 – 0,22 µm, los menores a ellos son absorbidos por las moléculas de oxígeno, nitrógeno y otros gases. Aparte de esto, el ozono también absorbe una pequeñísima parte de la franja de los rayos visibles que se encuentran entre los 0,4µm.

El vapor de agua absorbe en la región de los IR.

2 La Dispersión

Es un proceso físico totalmente diferente durante el cual no sucede transformación de energía (de energía de radiación a energía de calor) como en el caso de la absorción. Aquí, la cantidad de energía de radiación se queda invariable, cambia la dirección de expansión de la radiación.

La naturaleza y fuerza de las variaciones de dirección dependen de la longitud de onda de la radiación con relación a la medida de la partícula con la que choca justo ese momento. Esas partículas son las moléculas, aerosoles y gotas de nube. De entre las moléculas de aire, cualquiera es mucho menor que las longitudes de onda que aparecen en la radiación solar. Es por eso que la molécula de nitrógeno dispersa de la misma manera que por ejemplo la molécula de ozono. La dispersión de radiación ocasionada por medio de las partículas de pequeña medida con relación a la longitud de onda se llama de Rayleigh o dispersión molecular, el nombre de la variación de la dirección producida en las partículas de mayor tamaño se llama dispersión de Mie.

El valor de la dispersión de Rayleigh es inversamente proporcional a la cuarta potencia de la longitud de onda. Por ejemplo: el color azul (0,4 µm) de la banda visible dispersa 16 veces más fuertemente que el rojo (0,8 µm).

De este factor se origina toda una serie de fenómenos de colores atmosféricos.

El color azul del cielo es consecuencia de la dispersión más fuerte de los rayos de longitud de onda muy corta y de entre ellos el azul es el que predomina.

En la radiación directa que llega del Sol quedan menos componentes de longitud de onda corta mientras mayor sea el camino que tiene que recorrer el rayo de luz a través de la atmósfera. Es por eso que vemos al Sol naciente y poniente en color rojo.

La dispersión de Rayleigh, de todas formas, causa pérdidas de energía desde el punto de vista de la captación de energía de la Tierra, aunque la cantidad de energía no varía, porque una parte de los rayos solares que chocan en las moléculas de aire se va hacia el espacio desde la atmósfera.

En el caso de la dispersión de Mie, la dependencia de la longitud de onda es mucho menor que en la dispersión molecular. Los choques que suceden con las partículas no separan los rayos según diferentes longitudes de onda. Por ejemplo: los rayos visibles no son separados en colores sino son dispersados casi similarmente.

Hasta aquí hemos visto los procesos de la nueva distribución atmosférica de la radiación solar sin tomar en cuenta la nubosidad. Obviamente, las nubes intervienen en estos procesos.

Además, se tiene que considerar que la cantidad de radiación que llega a la superficie del suelo no se absorbe en su totalidad y se transforma en energía de calor porque una parte se refleja. La parte que se refleja depende de la calidad de la superficie, de la longitud de onda, de la radiación y del ángulo de caída.

Para caracterizar numéricamente las cualidades de reflejo de la radiación solar de las diferentes superficies se introdujo la noción de albedo. El albedo de una superficie es aquel número que da el porcentaje de flujo de radiación solar que cae a la superficie.

El albedo de superficies de diferente calidad varía grandemente.

Ejemplos de albedos, en %:

Superficies de mares	5 – 10
Bosque	10 – 15
Superficie de nieve	50 – 95
Nube (promedio)	48
Nubosidad (ancha)	70 – 80

Debido a que las nubes cubren en promedio el 54 % del cielo y el albedo medio es de 48%, es por eso que la radiación reflejada promedio de la nubosidad total global puede ser el 26% de la radiación solar media que llega.

Gráfico 14

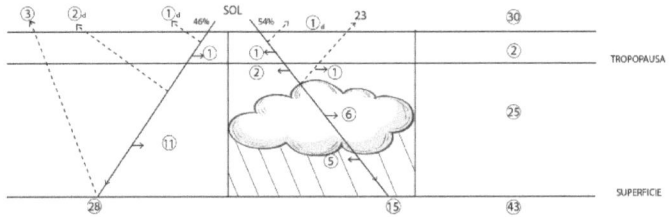

Fuente: Czelnai,R.(1983). **Elaborado por:** Zuleta,C.(2017)

Como se ve en el gráfico, el 46% del flujo de radiación llega a la atmósfera donde no hay nubes.

Del 46%:

1 % se absorbe en la capa de ozono

11% se absorbe en la tropósfera

3% a consecuencia de la dispersión

3 % se refleja de la superficie

28% es la cantidad restante para que el suelo pueda absorber

El 54 % del flujo de radiación llega a la atmósfera donde hay nubosidad.

Del 54 %.

1 % se absorbe en la capa de ozono

24% se refleja en las capas altas de la nube, pero el 1 % se absorbe en la tropósfera antes de que deje la atmósfera

6 % absorbe la capa de nubes

5 % se absorbe bajo la capa anterior. Es muy densa

15% es la cantidad restante para que el suelo pueda absorber

2 % se absorbe en la tropósfera antes de llegar a las nubes

1 % por la dispersión

Resumiendo, se puede decir que el 30 % del flujo de radiación que llega a la Tierra se refleja. En otras palabras, el albedo de la Tierra es del 30 %.

La energía total absorbida en la atmósfera es del 27 %

La absorción de la superficie del suelo es del 43 %

BALANCE DE LA RADIACIÓN TERRESTRE (ONDA LARGA)

Es la suma de las radiaciones emanadas de la superficie de la Tierra y la atmósfera. Según la Ley de Planck, la radiación se dirige hacia las ondas largas mientras es menor la temperatura de la superficie irradiante. Debido a esto se puede suponer que la Tierra y la atmósfera irradian en ondas más largas que el Sol.

Las temperaturas resultantes en la superficie de la Tierra y la atmósfera oscilan entre 200 – 300 °K, y cerca de la superficie, la temperatura media global puede ser considerada cerca de 288 °K (15 °C).

De acuerdo a esto, la mayor parte de la radiación terrestre cae en la banda de los 4,0 y 11 μm y según la Ley de Wien coge su punto máximo a los 10 μm.

De esto se puede ver que el espectro de radiación solar (que en ondas mayores a los 4 μm prácticamente no lleva energía) puede ser separado sin ninguna dificultad del espectro de las radiaciones terrestres. Es por eso que en lenguaje técnico meteorológico, se llama radiación de onda corta a las radiaciones menores de 4 μm y radiación de onda larga a las mayores de 0,4 μm. Según esto, la primera es la radiación proveniente del Sol y la segunda la radiación terrestre.

Al preparar el balance global de la radiación terrestre se tienen que tomar en cuenta las bandas de absorción de onda larga del agua, dióxido de carbono y otras materias que se encuentran en la atmósfera.

La diferencia esencial entre las bandas de absorción del vapor de agua y del dióxido de carbono es que la cantidad de carbono atmosférico es similar en todo lugar y su distribución casi continua (actualmente crece de una forma pausada). Al mismo tiempo, el contenido de vapor de agua atmosférico es muy variable dependiendo del tiempo y lugar. Es por eso que la cantidad de vapor de agua no puede ser tomada en cuenta como una constante al momento de realizar el balance de radiación global.

La sección comprendida entre los 8 – 13 µm es muy importante, en primer lugar, porque aquí cae el máximo del espectro de radiación terrestre, por otra parte, porque en este intervalo la radiación traspasa sin ningún obstáculo la atmósfera. Ésta es la llamada "ventana atmosférica".

La consecuencia práctica de los procesos de absorción descritos anteriormente es que una parte de la radiación de la atmósfera o de la superficie se absorbe nuevamente en el sistema Tierra – Atmósfera, después nuevamente irradia, una parte se absorbe, etc.

Este proceso de forma de cadena se diferencia esencialmente del caso de radiación solar de onda corta que llega a la atmósfera que se compone de una división de flujo de radiación. La distribución de radiación terrestre se forma de muchas nuevas distribuciones y es por esto que en el balance de ellos pueden aparecer valores mayores al 108%.

El punto de partida para realizar el balance es la Ley de Stefan – Boltzmann, aplicándola para la superficie de la Tierra y para la atmósfera. Si tomamos en cuenta que la temperatura media global es de 288 °K, entonces el área de 1 m^2 de la superficie irradia con una intensidad de 390 Watt y para calcular el flujo de radiación de onda larga de toda la Tierra (ϕ_{TF}):

$$\phi_{TF} = 4\pi KR^2_T \cdot 390 \text{ Watt} = 2,05 \cdot 10^{17} \text{ W}$$

Donde: K = 1,025 factor de corrección debido a la forma geoide de la Tierra y su superficie no es plana.

Además, si tomamos en cuenta que el flujo de radiación solar de onda corta es de 117 mil Terawatios y el de onda larga es de 205 mil Terawatios, sacamos el resultado de que la superficie de la Tierra irradia una energía equivalente al 120 % del flujo de radiación solar que llega. De esa cantidad, 108 % se absorbe en la tropósfera (y dentro de ella en las nubes), 2% se absorbe en la estratósfera y 10 % se va hacia el espacio.

De la misma manera, calculamos la cantidad de radiación de onda larga emitida por medio de la atmósfera. Como resultado recibimos que el contenido de vapor de agua y dióxido de carbono emite una energía del 165 % en forma de radiación de onda larga, de allí 59% se va para arriba y de esto se absorbe el 1 % en la atmósfera y el 58 % se va hacia el espacio.

El restante 106 % se dirige hacia arriba y a causa de las absorciones continuas dentro de la tropósfera y de las nuevas irradiaciones alcanza la superficie de la Tierra.

De la estratósfera, el 2 % se va al espacio y el 3 % llega a la tropósfera.

Gráfico 15.

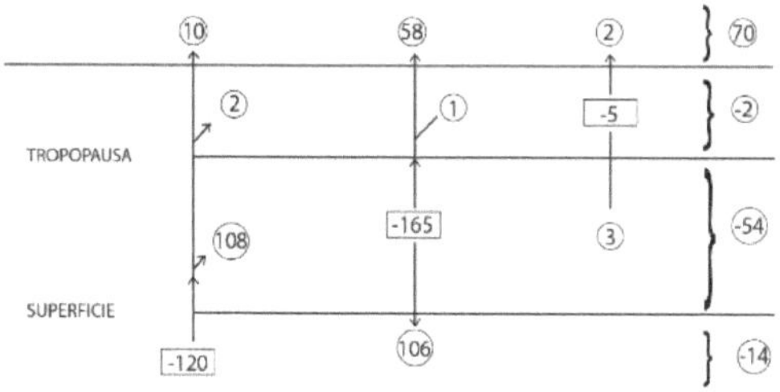

6 28

Fuente: Czelnai,R.(1983). **Elaborado por:** Zuleta,C.(2017)

Habiendo ya calculado la radiación de onda corta y onda larga, podemos ver que el balance de radiación total de la Tierra está en equilibrio porque igual flujo de energía sale hacia el espacio que el que llega.

Se vio también que el 30 % del flujo de energía que se despide corresponde a la radiación de onda corta reflejada y el 70 % de la radiación terrestre que va al espacio.

Según aquellos gráficos y haciendo un análisis exhaustivo, se puede apreciar que el balance de energía de la tropósfera y la superficie del suelo no está equilibrado. En la superficie del suelo se muestra un superávit de 29% y en la tropósfera se presenta un déficit de la misma cantidad. Para equilibrar esta diferencia, ya no se tiene que buscar en procesos de radiación sino en otros. Ellos son dos importantes: el calor latente restado al momento de la evaporación del agua y el transporte de energía turbulenta.

Gráfico 16.

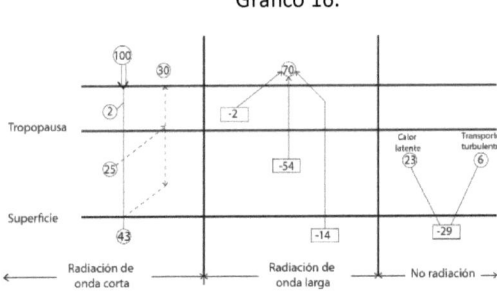

Fuente: Czelnai,R.(1983). **Elaborado por:** Zuleta,C.(2017)

10. LA TERMODINÁMICA DEL AIRE

En el anterior capítulo se vio el asunto relacionado con la radiación solar que llega a la atmósfera. Se había visto que durante ese proceso se realizan diferentes transformaciones de energía y una parte significativa de la energía que llega gracias a la radiación se transforma en un incremento de la <u>energía interna</u> del Sistema Tierra – Atmósfera.

Es la termodinámica la ciencia que se ocupa con el estudio de las leyes generales de los procesos de transformación de energía e incluso con los procesos particulares de ellos. Entonces es entendible por qué el estudio de la termodinámica es importante dentro de la meteorología. Dando una noción más exacta, las principales leyes de la termodinámica y las relaciones que se desprenden de ellas dan el instrumento y la posibilidad de que las desigualdades de la distribución de la energía interna para poder afirmar qué procesos de cambio de calor y qué procesos de trabajo pueden ser creados.

LAS LEYES DE LA TERMODINÁMICA

El estado de un sistema termodinámico cualesquiera, tal como es la atmósfera, puede ser descrito por diferentes indicadores de estado, extensivos e intensivos.

Los indicadores de estado extensivo (por ejemplo, el volumen, la masa, energía, etc.) <u>se suman</u> en la unión de los sistemas.

Los indicadores de estado intensivos (por ejemplo, la temperatura, presión, densidad) <u>se promedian</u>, es decir, se equilibran en la unión de los sistemas. Por lo tanto, en la unión de sistemas que están en equilibrio, los indicadores de estado intensivo se quedan invariables.

La termodinámica se basa en las afirmaciones generales relacionadas a los indicadores de estado extensivos e intensivos, dichas afirmaciones concuerdan con las leyes principales.

La Ley Cero de la Termodinámica

Examinamos un sistema termodinámico cuyos indicadores de estado extensivos son: la energía (E), el volumen (V) y la masa de los componentes químicos (por ejemplo, el número de moléculas, N).

Los sistemas termodinámicos que entran en relación uno a otro, cambian uno a otro las propiedades extensivas señaladas, y las variaciones resultantes a causa de los cambios dentro de los sistemas se pueden expresar de una forma aditiva.

Si dos sistemas entran en relación de tal manera que se puede cambiar la energía interna y de todas formas vemos que su equilibrio se mantiene invariable, entonces tenemos que suponer alguna propiedad común que asegura el mantenimiento del equilibrio. Esta propiedad común es la temperatura.

Este pensamiento es generalizado por la ley cero de termodinámica, que dice: "para todo efecto termodinámico existe una propiedad característica cuya igualdad relacionada a los dos sistemas es la condición necesaria y suficiente del equilibrio".

Primera Ley de la Termodinámica

En esencia es la forma válida de la ley de conservación de la energía para los procesos termodinámicos especificando que la variación de la <u>energía interna, dE</u>, de cualquier sistema termodinámico (por ejemplo, la atmósfera) se compone de aquellos transportes de energía, $D_i E$, en forma aditiva que provienen de todos los efectos entre el sistema dado y su ambiente:

$$dE = \sum_{i=1}^{n} D_i E$$

Como energía interna se entiende aquí toda la energía del sistema que se compone de las energías cinéticas y de efecto, o sea, la suma de las energías que atraviesan, giran, se ondulan dentro de los átomos y moléculas, y de la energía de enlace entre las partículas.

De esta manera, no son tomadas en cuenta para la energía interna ni la energía cinética de los "movimientos ordenados" de mayor medida, ni la energía potencial del sistema.

Por lo tanto, por ejemplo, si entregamos una cantidad de calor dH a un sistema de cualquier manera y al mismo tiempo también se realiza trabajo –dW, entonces la variación de la energía interna es:

$$dE = dH - dW$$

El trabajo del que se habla aquí, puede ser por ejemplo la compresión de gas (aire) que forma el sistema, o puede ser también su expansión.

Como definición se toma como positivo el signo del trabajo cuando expandimos el gas, y negativo cuando lo comprimimos, tomando en cuenta que en el caso de entrega de calor dH el sistema (gas) se expande.

La ecuación anterior se relaciona a la masa total del sistema. Sin embargo, es mucho mejor trabajar con las condiciones relacionadas a la unidad de masa para la descripción de las condiciones. Para ello tenemos que dividir cada uno de los miembros de la ecuación por la masa del sistema. Así se recibe la siguiente ecuación:

$$du = dh - dw$$

donde: du, dh y dw son las variaciones de la energía interna, cantidad de calor y el trabajo.

Si dicho trabajo es realizado bajo una presión constante:

$$dw = pdV$$

donde: pdV es la variación del volumen específico del gas que forma el sistema, así:

$$du = dh - pdV$$

Esta forma de la primera ley de la termodinámica es llamada también frecuentemente ecuación de energía.

Esta ecuación es válida para los sistemas cuyas variables características son la presión y el volumen. Así son los gases. En el caso de gases ideales aún es verdad que la energía interna depende exclusivamente de la temperatura.

La primera ley juega un importante en los cálculos energéticos atmosféricos.

Segunda Ley de la Termodinámica

La primera ley de la termodinámica nos dio la relación de las variaciones de diferente dirección de la energía interna, de la cantidad de calor y de la cantidad de trabajo. Pero en cambio no dijo nada en relación de que en la naturaleza –sino sucede introducción exterior- qué dirección de variaciones puede suceder espontáneamente?.

Para ello, la segunda ley de la termodinámica da respuesta, diciendo: "las cantidades extensivas características de los sistemas en efecto mutuo tratan de distribuirse homogéneamente o sea tratan de igualarse".

El proceso de igualación es definitivamente irreversible debido a que tiene una dirección (definida) determinada. El esfuerzo para igualarse puedes ser definido también como un esfuerzo parar tratar de llegar al estado de mayor probabilidad.

Esto se puede ver con la siguiente sencilla prueba:

Coloquemos en una urna igual número de bolas blancas y rojas de tal manera que las blancas se coloquen encima de las rojas. Luego cerremos la urna y agitémosla. Vamos a experimentar que mientras mejor y más veces agitamos la urna, entonces las bolas se mezclan mejor. Es más improbable que después de tantos movimientos recibamos nuevamente un ordenamiento regular.

Este experimento puede ser definido de la siguiente manera: las variaciones espontáneas tratan de llegar al ordenamiento más probable.

El ordenamiento más probable es el que se puede obtener de muchas maneras, y este no es más que el estado de desordenamiento.

Todo eso se puede expresar con la probabilidad termodinámica del estado momentáneo del sistema.

La probabilidad termodinámica es similar al número de aquellos "microestados" de los cuales cualquiera puede ser la realización del "macroestado" dado.

Volviendo al tema del experimento anterior: el "macroestado" es por ejemplo que en algunos sectores de la urna (por ejemplo en la parte superior) cuál es la proporción de bolas blancas y rojas. El "microestado" es por ejemplo dónde se ubican determinadas bolas en determinados casos (si las señalamos, mucho más fácil). Se puede ver que cada caso determinado del macroestado mencionado puede realizarse con muchos microestados.

Lo dicho es válido para cualquier sistema termodinámico: en lugar de las bolas blancas y rojas nos podemos imaginar un líquido que está situado en un tanque separado temporalmente por una pared, en él el líquido tiene diferentes temperaturas. Al alzar la pared, las dos cantidades de líquido comienzan a mezclarse y alcanzar el estado más probable (el de equilibrio) cuando la diferencia de temperatura se termina. Hasta que la distribución de temperatura no es uniforme, las diferencias conducen a movimientos de equilibrio y a través de ellos, al flujo de calor.

Con el equilibrio no varía la energía interna total del sistema, pero se terminan aquellas diferencias que alimentan los movimientos y los procesos de entrega de calor.

Esto también se acostumbra explicar de la siguiente manera: con el equilibrio, la energía libre del sistema (y con ello la capacidad de realizar trabajo) se agota, se transforma en energía atada.

Por lo tanto, la segunda ley fija la regla experimental de que mientras el trabajo que está a disposición siempre puede ser transformado en calor, el proceso contrario nunca es posible. De esta manera, la segunda ley de la termodinámica es la ley de la degradación de la energía.

Si definimos la energía libre F como parte aprovechable del trabajo isotérmico de la energía interna E, entonces su valor es:

$$F = E - TS$$

donde:

T es la temperatura dada

S es la entropía del sistema

La entropía no es nada más que una medida de la probabilidad termodinámica tratada anteriormente que siendo una cantidad extensiva caracteriza lo siguiente: el estado momentáneo del sistema con cuánto se acerca al estado más probable (de equilibrio).

Mientras mayor es la probabilidad del estado dado, es mayor su entropía también. Por lo tanto, las variaciones espontáneas sucedidas- dentro de un sistema cerrado siempre llevan el aumento de entropía.

(De aquí se deduce que la entropía de sistemas cerrados es la mayor en el estado de equilibrio estable).

CAMBIOS DE FASE EN LA ATMÓSFERA

Utilizando las definiciones dadas anteriormente, podemos decir que en la termodinámica, la fase se entiende aquella parte homogénea de cualquier sistema físico que se puede separar claramente dentro de la cual las funciones de estructura similar de los parámetros intensivos describen las cantidades extensivas. Estas fases pueden ser los estados (sólido, líquido, gaseoso y plasma). Pero por ejemplo dentro del estado sólido puede haber muchas fases de cada materia (diferente forma de cristales, etc.) y es por eso que la fase y el estado nos son definiciones iguales.

Cuando suceden las variaciones de fase, el sistema coge energía (fusión, evaporación), o entrega energía (sublimación, congelación). Esto se origina del factor de que en cada fase es diferente la proporción entre la fuerza de atracción que se ejerce sobre los átomos y moléculas y la energía cinética desordenada dependiente del transporte de calor. (Aquí se habla sólo de la energía interna).

Cuando un sistema pasa del estado líquido al estado gaseoso, tiene que utilizar una cantidad significativa de calor para que las moléculas puedan disponer de una energía cinética (interior) superior a la necesaria. Por otra parte, en el caso de la transformación opuesta, el superávit de energía cinética interior causa el aumento súbito del número de choques entre las moléculas debido a la mayor densidad correspondiente a la fase más atada y aquello se demuestra en el aumento de la temperatura.

Se puede afirmar que los procesos relacionados con la entrega y resta de calor en los sistemas termodinámicos frecuentemente llevan consigo transformaciones de fase. Por lo tanto, es natural la pregunta: cuándo y en qué condiciones físicas suceden las transformaciones de fase. El grado de fase a representarse da una pauta para ello.

En el diagrama de presión – temperatura siguiente se caracterizan las relaciones de fase sólida, líquida y gaseosa. Las curvas representan los valores de la temperatura llamadas *isotermas*.

P_{cr}, P_{tp} Representan la presión crítica y de punto triple

T_{cr}, T_{tp} Muestran la temperatura crítica y de punto triple

Gráfico 17. Cambios de fase

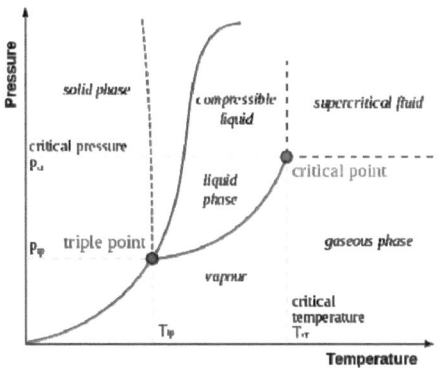

Fuente: Stack Exchange Inc (2017)

Se necesita de un aclaramiento de terminología: cuándo hablamos de gas y cuando de vapor?.

El principio es lo siguiente: gas es llamada aquella materia aeriforme (gaseosa), (por lo tanto, no tiene superficie libre y llena el espacio que está a su disposición), los determinantes de estado p, V, T pueden coger sólo aquellos valores cuyo conjunto cae seguramente fuera del territorio de los cambios de fase, o sea siempre se queda en el territorio sobre la temperatura crítica y la presión crítica.

Vapor es aquella materia que puede ser condensada isotérmicamente dentro del sistema dado, es decir puede ser llevado al estado líquido.

De entre las materias aeriformes que se encuentran en la atmósfera, los gases principales, como su nombre lo dice, gases porque las temperaturas resultantes siempre superan y en mucho sus temperaturas críticas. Es por eso que sus fases líquidas no pueden existir en la atmósfera cualesquiera que sean los valores que cojan sus determinantes de estado. Todo esto también es válido para los demás componentes constantes de la atmósfera (Ne, Kr, Xe).

De entre los componentes de la atmósfera que varían lentamente el más significativo es el dióxido de carbono. Su temperatura crítica es de 31° C y su presión crítica de 73 bar, estos valores serían lo suficientemente grandes para que suceda condensación dentro de las situaciones atmosféricas. Sin embargo, la cantidad de CO_2 en la atmósfera es muy pequeña y por eso el CO_2 de unidad de masa se distribuye en un gran volumen, es decir los valores resultantes de V son demasiado grandes y los estados del CO_2 que aparecen en la atmósfera se ubican muy lejos a la derecha en el diagrama pV del territorio de doble fase. Así, en la atmósfera el CO_2 también es gas. La situación es similar con los demás componentes que varían lentamente.

Al final queda sólo uno de los componentes que varían fuertemente: el agua cuya fase aeriforme puede ser considerada como vapor. La experiencia también demuestra que en la atmósfera aparecen los siguientes estados del agua: aeriforme, líquido y sólido.

Pensemos que la relación de tres determinantes de estado determina los estados posibles del agua. Estos tres determinantes de estado son: la presión parcial de vapor de agua, **e**, la temperatura del agua, **T**, y el volumen específico del agua, **V**, (o sea el volumen ocupado por medio de la unidad de masa de agua).

Podemos describir la relación de ellos en el sistema de coordenadas de tres dimensiones cuyos tres ejes son e, T, V, es la llamada <u>superficie de estado termodinámico</u>.

Los estados posibles del agua atmosférica están representados en aquella superficie por un punto. Sólo son posibles aquellos estados de equilibrio que están sobre esa superficie.

Las fases del agua tienen otra propiedad especial que desde el punto de vista de los procesos atmosféricos es muy importante.

Gráfico 18.

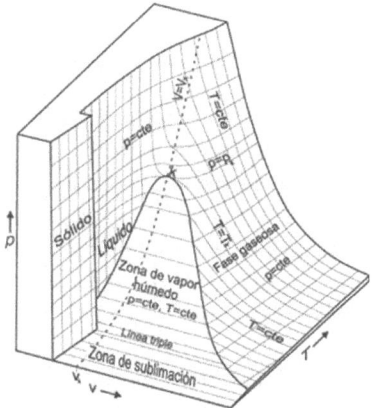

Fuente: Mejía,A(s.f)

11. LA ATMÓSFERA EN MOVIMIENTO

INTRODUCCIÓN

La investigación de los sistemas de movimiento atmosférico es un espacio básico dentro de la meteorología. Dentro de esto se hace la aplicación de algunas ramas de la física, especialmente de la hidrodinámica, pero hay una característica especial que se desarrolla dentro del espacio de la meteorología y de la oceanografía física. Se trata de examinar y describir los llamados "Sistemas Hidrodinámicos Complejos" (la atmósfera y los océanos), partiendo de considerar el efecto del uno al otro, su funcionamiento conjunto y no sus procesos parciales.

Si queremos sacar afirmaciones verdaderas de la atmósfera, de los océanos y de cualquier parte de ellos como sistemas termodinámicos e hidrodinámicos, tenemos que buscar antes de nada ciertas cualidades medibles que sean características de estado de aquellos sistemas y debemos crear alguna descripción matemática viable con cuya ayuda se pueda considerar más fácilmente las cualidades medibles de que se hablan.

En cuanto a las "cualidades medibles", en el caso de la atmósfera esas son, por una parte, los *determinantes de estado termodinámico* (p, T, V, etc.) que están relacionado con ciertas fuerzas interiores, por otra parte, son los datos característicos del movimiento de los cuerpos elementales de aire y líquidos (velocidades, aceleraciones, etc.), y por último las fuerzas exteriores, tales como los efectos de las fuerzas provenientes del giro de la Tierra y de la gravitación.

En el caso de la atmósfera, los movimientos son causados por la diferencia de la presión atmosférica que se producen al momento de la transformación de la energía de radiación solar a energía potencial. De ellos se originan las fuerzas de presión atmosférica y en general las fuerzas de presión.

NOCIONES BÁSICAS

La Ecuación Básica de la Estática de la Atmósfera y la "Fuerza de Presión"

Si consideramos una columna vertical de la atmósfera escogida indistintamente, podemos ver que, en el caso de un estado de inercia, dos fuerzas actúan sobre la unidad de masa: la fuerza gravitacional que llevaría el cuerpo hacia abajo y la fuerza de presión atmosférica que muestra hacia arriba. La condición del estado de inercia (estática atmosférica) es que las dos fuerzas se equilibran.

El cuerpo elemental de aire ubicado en el nivel z es presionado por el peso del cuerpo de aire presionado de la columna de aire ubicada encima de él, hasta que la fuerza de expansión interior que aumenta sea igual o esté en equilibrio con el peso mencionado. Mientras más arriba esté el cuerpo de aire examinado generalmente hay una columna de aire de menor masa y peso. Por la tanto, yendo más arriba, la fuerza que actúa desde arriba es cada vez menor trayendo como consecuencia que cada vez disminuya también la fuerza de expansión interior que mantiene el equilibrio llamada comúnmente como presión atmosférica.

De esta forma, la disminución de la presión en dirección vertical está determinada por la distribución de la masa que se forma por efecto de la fuerza gravitacional y naturalmente dependiendo de la distribución de la temperatura del aire.

Si examinamos el espacio de una columna vertical entre los niveles z, z + dz, experimentamos que dentro de ese espacio se presenta una diferencia de presión de aire. Mientras la altura z aumenta para arriba la presión atmosférica disminuye para arriba, por lo tanto, la variación positiva de z trae consigo la variación de dirección negativa de p.

La medida de variación de la presión del aire con la altura, o sea la gradiente de presión atmosférica vertical se puede expresar de la siguiente manera.

$$\frac{\partial p}{\partial z} \, K$$

donde **K** es el vector unitario de dirección z

Gráfico 19.

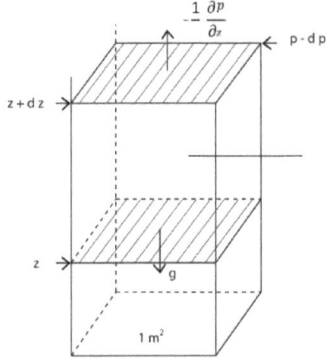

Fuente: Czelnai,R.(1983). **Elaborado por:** Zuleta,C.(2017)

Ya que p significa la fuerza que actúa sobre la unidad de superficie en el nivel z y p −dp en el nivel z + dz, es por eso que

$$-\frac{\partial p}{\partial z}\,K$$

es la fuerza que actúa sobre la unidad de volumen.

Para que podamos obtener la fuerza que actúa sobre el cuerpo elemental de aire de unidad de masa, tenemos que dividir esta última expresión por el valor de la densidad de aire experimentada dentro del cuerpo de aire examinado. En el caso de equilibrio hidrostático, la magnitud de la fuerza de empuje que actúa sobre la unidad de masa concuerda con la magnitud de la fuerza de gravitación que actúa sobre la unidad de masa, es decir:

$$-\frac{1}{\rho}\frac{\partial p}{\partial z}=g$$

Fórmula 1.

Esta expresión es conocida como la ecuación básica de la estática cuya aproximación se da porque es válida sólo en el caso de inercia, es decir cuando la velocidad vertical del aire es cero.

Para su cálculo aproximado:

$$pV = R_s T \rightarrow p\frac{1}{\rho} = R_s T \rightarrow \rho = \frac{p}{R_s T}$$

de Fórmula 1:

$$\frac{\partial p}{\partial z} = -\rho g \rightarrow \frac{\partial p}{\partial z} = -\frac{g}{R_s}\frac{p}{T}$$

$$\frac{\partial p}{p} = -\frac{g}{R_s}\frac{1}{T}\partial z$$

$$\frac{dp}{p} = -\frac{g}{R_s}\frac{1}{T}dz$$

de la cual se puede calcular la diferencia de presión atmosférica que resulta entre los niveles z_1 y z_2. Integrando:

$$\int_{p_1}^{p_2}\frac{dp}{p} = -\frac{g}{R_s}\int_{z_1}^{z_2}\frac{dz}{T} \rightarrow \ln p_2 - \ln p_1 = -\frac{g}{R_s}\int_{z_1}^{z_2}\frac{dz}{T}$$

Por lo tanto, es necesario conocer el papel de la temperatura (variación vertical de T).

Inestabilidad Hidrostática

La ecuación básica determina que en el caso de equilibrio hidrostático, cuál es el perfil de la presión atmosférica para una temperatura dada. Si el perfil de la presión atmosférica real se diferencia de aquel, entonces la diferencia entre la fuerza gravitacional y la presión atmosférica pone en marcha movimientos verticales.

Estos movimientos van dirigidos hacia el restablecimiento del equilibrio hidrostático, pero no siempre dan como resultado el equilibrio. Estos procesos están determinados en gran medida por las variaciones de temperatura que aparecen por las variaciones de volumen de los cuerpos de aire que se mueven verticalmente.

Por eso es necesario introducir las siguientes definiciones:

-Gradiente de temperatura vertical adiabática seca:

$$\gamma_a = -\frac{dT}{dz} = -0{,}97 \frac{°C}{100m}$$

γ: la verdadera gradiente de temperatura

En el caso de estratificación estable: γ < γ$_a$

En el caso de estratificación neutral: γ= γ$_a$

En el caso de estratificación inestable: γ > γ$_a$

Fuerzas de Presión Atmosférica Horizontales

De la ecuación básica de la estática atmosférica se sigue que cuando dos columnas de aire vecinas tienen diferente distribución vertical de la temperatura se pueden originar diferencias de presión de aire horizontal a niveles diferentes. Estas diferencias son expresadas por medio de la gradiente de presión de aire horizontal cuyas componentes de dirección x e y son:

$$\frac{\partial p}{\partial x}, \frac{\partial p}{\partial y}$$

Según esto, el vector de la gradiente de presión de aire horizontal es:

$$grad_h\, p = \frac{\partial p}{\partial x} i + \frac{\partial p}{\partial y} j$$

donde: **i, j** son vectores unitarios

Tomando en cuenta la variación de presión de aire vertical, podemos expresar de igual manera el vector de la gradiente de aire espacial:

$$grad\, p = \frac{\partial p}{\partial x} i + \frac{\partial p}{\partial y} j + \frac{\partial p}{\partial z} k$$

Esta es la principal fuerza que actúa en la atmósfera.

Como se va a ver más tarde, las otras fuerzas que actúan sobre la atmósfera (fuerza Coriolis, fuerza centrífuga, de fricción, etc.) entran en funcionamiento si por efecto de la fuerza de presión de aire ya existe alguna forma de movimiento. Desde este punto de vista, por lo tanto, la presión de aire es primaria.

12. SISTEMAS DE MOVIMIENTO ELEMENTALES

CORRIENTES DE EQUILIBRIO

En la fórmula relacionada al movimiento de una partícula en sentido horizontal juegan papel importante las siguientes fuerzas:

$$\frac{dV}{dt} = -\frac{1}{\rho}\nabla p - 2(\Omega x V) + \frac{1}{\rho}F + \frac{V^2}{r}$$

Ecuación 1

$\frac{1}{\rho}\nabla p$ Fuerza de presión

$2(\Omega x V)$ Fuerza Coriolis

$\frac{1}{\rho}F$ Fuerza de fricción

$\frac{V^2}{r}$ Fuerza centrífuga

En un movimiento horizontal, no se toma en cuenta la fuerza de gravitación, su valor es muy pequeño en dimensión.

A Corriente de Euler

De entre las fuerzas de la ecuación 1, hay una, la fuerza de presión que entre todas las situaciones es la necesaria para que en realidad exista movimiento de aire. Si esa fuerza se hace 0, las otras también se acercan a 0.

Se examina el caso cuando la única fuerza que actúa es la presión atmosférica que es particular de la zona ecuatorial, especialmente sobre los océanos en sus capas más altas donde la componente horizontal de la fuerza Coriolis se hace 0, y la fuerza de fricción es muy pequeña.

En este caso no podemos hablar de equilibrio de las fuerzas porque la fuerza de presión no está equilibrada por ninguna otra, por lo tanto, el cuerpo de aire está en continuo movimiento acelerado. Este movimiento es llamado **Corriente de Euler**.

Su ecuación:

$$\frac{dV_h}{dt} - \frac{1}{\rho} grad_h p$$

Sin embargo, se tiene que anotar que en estos casos la velocidad horizontal teoréticamente aumentaría sobre cualquier valor. En la práctica no suceden grandes velocidades porque el movimiento puesto en marcha dirigido desde los lugares de presión alta hacia los lugares de presión baja disminuye las diferencias de presión y al final las equilibra. Así, en la región ecuatorial no se pueden producir diferencias significantes de presión atmosférica.

Esta corriente aparece principalmente en las capas altas del ecuador donde la fuerza de fricción es insignificante. Cerca de la superficie, en la llamada capa límite atmosférica, ya se la tiene que tomar en cuenta. De esta forma ya hay posibilidad de contar con una fuerza que haga equilibrio.

A causa de la fuerza de presión atmosférica, el aire se mueve, se acelera gradualmente, y con esto aumenta la fuerza de fricción y lentamente alcanza la magnitud de la fuerza de presión atmosférica. Cuando esto sucede, desaparece la aceleración y se produce una corriente de equilibrio llamada corriente antríptica (tripsis=fricción).

De esta forma la ecuación recibida es:

$$grad_h p = F$$

y debido a que **F** es una función de V_h ya se puede calcular la velocidad de la corriente de equilibrio a partir de la fórmula en cuestión.

B La Corriente Geostrófica

Es la principal corriente fuera de la zona ecuatorial. Se la describe en el caso cuando la diferencia de presión es similar a través de una franja ancha, es decir cuando las líneas que unen los puntos de igual presión (isobaras) son líneas rectas.

En este caso, el movimiento está determinado por el equilibrio de la fuerza de presión atmosférica y por la fuerza Coriolis. Se llama geostrófica porque se trata de un movimiento producido por el giro de la Tierra.

El estado de equilibrio se produce de la siguiente manera: cuando la corriente que se pone en marcha por efecto de la fuerza de presión atmosférica, gira gradualmente de la dirección de la gradiente de presión (en el hemisferio norte a la derecha, en el sur a la izquierda) hasta que la corriente sea paralela a las isobaras, es decir cuando el vector de la fuerza de presión atmosférica y el vector de la fuerza Coriolis muestran direcciones opuestas y sus magnitudes se igualan.

Para alcanzar el estado de equilibrio, existe una cierta oscilación, como se ve en el gráfico. La explicación: es a consecuencia de la fuerza centrífuga, pero esto hace que se aumente la fuerza Coriolis hasta que se endereza.

La condición de equilibrio relacionada a la corriente geostrófica se da por la siguiente ecuación:

$$\frac{1}{\rho}grad_hp = 2(\boldsymbol{\Omega} x \boldsymbol{V}_h)$$

Gráfico 20.

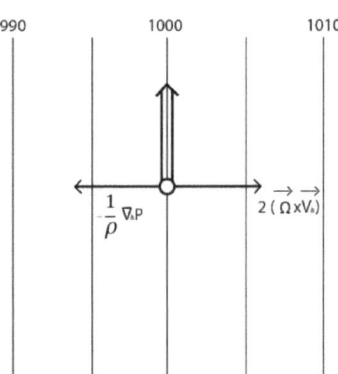

Fuente: Czelnai,R.(1983). Elaborado por: Zuleta,C.(2017)

El hecho de que el viento no corra de los lugares de presión alta a los de baja presión sino corra paralelamente a las isobaras es llamado paradoja geodinámica.

C La Corriente Gradiente

Hasta aquí hemos examinado el caso cuando la dirección de la variación de la presión atmosférica es similar en todo lugar y las isobaras son líneas rectas paralelas. En la realidad, sabemos que los territorios de presión alta y baja se presentan frecuentemente como "islas" y los centros de presión (ciclones y anticiclones) están cercados por curvas cerradas.

Si examinamos estos casos, tenemos que tomar en consideración el siguiente factor: el efecto conjunto de la fuerza de presión y de la fuerza Coriolis obliga al cuerpo de aire a un movimiento paralelo a las líneas de las isobaras, pero en este caso en campo circular. Sin embargo, esto conlleva que la fuerza centrífuga también actúe sobre el cuerpo de aire.

Por lo tanto, el movimiento de equilibrio producido de esta forma – la corriente gradiente – está descrito por el equilibrio de tres fuerzas.

Grafico 21.

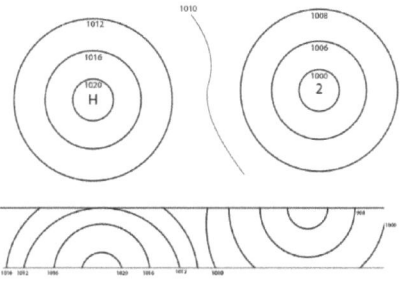

Fuente: Czelnai,R.(1983). **Elaborado por:** Zuleta,C.(2017)

Vamos a ver que existen diferentes condiciones de equilibrio para los dos centros de presión.

En el caso para un centro de presión baja - **CICLÓN** - , la fuerza de presión atmosférica muestra hacia adentro y mantiene equilibrio con las otras dos fuerzas que muestran hacia afuera:

$$\frac{1}{\rho} grad_h p = 2(\boldsymbol{\Omega} x \boldsymbol{V}_h) + \frac{V_h}{r}$$

En el caso de un centro de presión alta - **ANTICICLÓN** - , la fuerza de presión atmosférica muestra hacia afuera, tal como la fuerza centrífuga y las dos mantienen equilibrio con la fuerza Coriolis que muestra hacia adentro.

$$\frac{1}{\rho} grad_h p + \frac{V_h}{r} = 2(\boldsymbol{\Omega} x \boldsymbol{V}_h)$$

Gráfico 22.

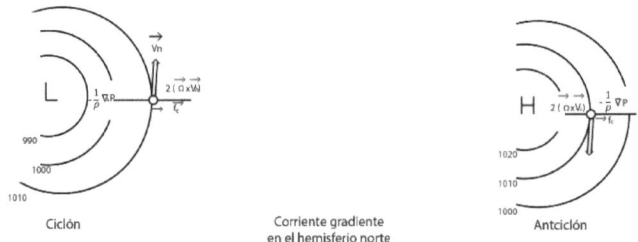

Ciclón

Corriente gradiente
en el hemisferio norte

Antciclón

Fuente: Czelnai,R.(1983). **Elaborado por:** Zuleta,C.(2017)

D La Corriente Ciclostrófica

Habíamos visto en la corriente gradiente que en el caso de un movimiento en un campo circular la fuerza centrífuga juega también un papel importante.

Consideremos que esta fuerza es proporcionalmente inversa al radio r y que su importancia es mayor cuando examinamos un sistema de movimiento menor. Además de eso, consideremos que la fuerza centrífuga es proporcional al cuadrado de la velocidad mientras que la fuerza Coriolis es proporcional solamente a la primera potencia de la velocidad.

De esto se deduce que en el caso de sistemas de movimiento de pequeña escala y grandes velocidades, la fuerza Coriolis viene a ser muy pequeña en relación a la fuerza centrífuga, de esta forma recibimos una nueva condición de equilibrio:

$$\frac{1}{\rho} grad_h p = \frac{V_h}{r}$$

Esta es la fórmula de la corriente geostrófica que se relaciona con movimientos que se forman alrededor de un centro de baja presión y según las experiencias describe muy bien las relaciones reinantes en el centro de los ciclones tropicales, así como también en los tornados y en los torbellinos de agua y polvo.

La fórmula de este movimiento no contiene ningún tipo de condición que indique la condición de giro. La experiencia demuestra que alrededor de los centros de baja presión pueden aparecer también vórtices de "giro a la derecha" (anticiclón) y se producen más mientras menor sea el sistema de movimiento.

Entre los vórtices de algunos metros de altura, ya se puede encontrar una razón igual de los de giro de derecha a izquierda.

Gráfico A 23.

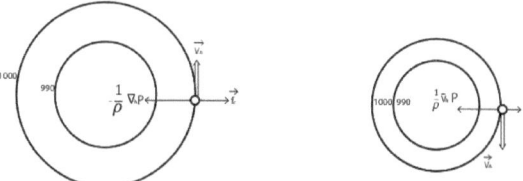

Fuente: Czelnai,R.(1983). **Elaborado por:** Zuleta,C.(2017)

Los sistemas de movimiento ciclostrófico son muy frecuentes en las regiones de latitud baja donde el componente horizontal de la fuerza Coriolis es infinitésimo.

Nace la pregunta: cómo se producen estos sistemas ya que la fuerza centrífuga sólo se produce si ya existe movimiento. La respuesta es obvia: ellos no se producen por si mismos sino se separan de sistemas de movimiento mayores.

E La Corriente Inercial

Este movimiento se puede formar por el equilibrio entre la fuerza centrífuga y la fuerza Coriolis:

$$\frac{V_h}{r} = 2(\boldsymbol{\Omega} x \boldsymbol{V}_h)$$

Esta condición es válida solamente en el caso de anticiclón, porque sólo ahí se cumple que las fuerzas son contrarias en dirección. Es importante sobre los océanos.

Gráfico 24.

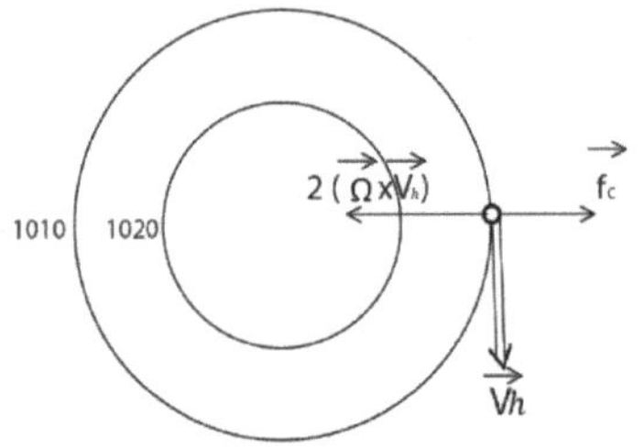

Fuente: Czelnai,R.(1983). **Elaborado por:** Zuleta,C.(2017)

El efecto de la fuerza de fricción

Cuando hace efecto esta fuerza, el cuerpo de aire no se mueve a través de las isobaras sino pasa cortándolas en un ángulo determinado en un trayecto de forma de espiral. Así resulta la estructura característica de los ciclones que se los puede apreciar muy bien en las fotografías preparadas por satélites.

Podemos anotar que la fuerza de fricción puede acortar la vida de los vórtices atmosféricos de dos formas: por una parte, una cantidad de energía cinética desaparece directamente a causa de la fuerza de fricción, por otra parte las corrientes de aire que están en el trayecto espiral equilibran las diferencias de presión de aire inicial y así cambian gradualmente con la fuerza de empuje del sistema de movimiento.

E La Corriente Térmica

Vamos a ver qué efecto tiene para las corrientes que se formarán, la distribución vertical y horizontal de la temperatura. Pensando en el gráfico de H y L, podemos decir que cuando dibujamos las líneas isobáricas relacionadas a cualquier nivel Z_0, estamos dando aquellas líneas de corte a través de las cuales las superficies de similar presión atmosférica cortan la superficie horizontal correspondiente al nivel Z_0 examinado. Se puede ver fácilmente también que la densidad de las líneas isobáricas depende de que las superficies isobáricas cuán lejos están una de otra y por otra parte qué inclinación tienen estas superficies.

Gráfico 25.

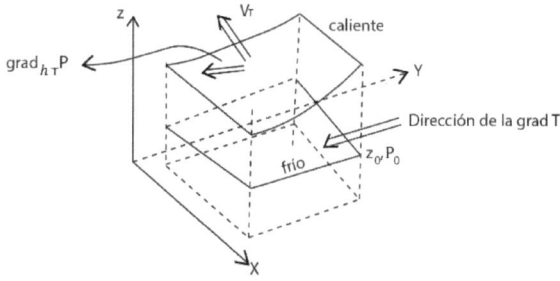

Fuente: Czelnai,R.(1983). **Elaborado por:** Zuleta,C.(2017)

Si dos columnas de ese tipo tienen diferente temperatura, entonces en la columna más fría y de mayor densidad, la presión atmosférica disminuye más rápidamente hacia arriba, y avanzando hacia arriba cada vez más aumenta la diferencia de presión atmosférica.

De todo esto se sigue que si examinamos una situación cuando en el nivel Z_0 la presión atmosférica es similar en todo lugar, pero la temperatura aumenta en dirección del eje Y, entonces hacia arriba podemos apreciar una gradiente de presión horizontal que se va haciendo más fuerte que concuerda con la dirección de la gradiente de temperatura, por lo tanto, muestra del lugar más caliente hacia el lugar más frío.

Gráfico 26.

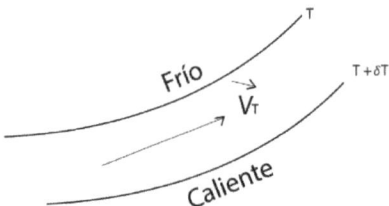

Fuente: Czelnai,R.(1983). **Elaborado por:** Zuleta,C.(2017)

La corriente así descrita que se produce por la diferencia de temperatura se llama viento térmico. En otras palabras: si observamos que en lo alto, el viento se gira a la derecha con relación al viento observado en el suelo, podemos sacar la conclusión de que habrá una corriente de aire caliente. Si en lo alto el viento gira a la izquierda, esto significa que el aire de arriba es el frío.

13. LA CIRCULACIÓN GENERAL

Según la definición de la OMM:

"Circulación General es el conjunto de sistemas de corriente atmosférica que se extiende a toda la Tierra"

Las Condiciones del Balance Global de la Circulación General

La fuerza de empuje necesaria para el mantenimiento de los movimientos de la atmósfera y en general de todo el complejo sobre los océanos es proveída por la radiación electromagnética del Sol. Dicha variación es invariable en tiempo, sin embargo, no llega de la misma forma la superficie de la Tierra: las zonas comprendidas en las zonas en las latitudes bajas reciben mayor cantidad de energía que las altas. Además de esto y a causa de la rotación, giro e inclinación de la Tierra, la radiación que llega a las diferentes zonas también varía de acuerdo a ritmos periódicos.

Una parte de la energía de radiación – continua, global – se transforma en energía potencial en la atmósfera y océanos y así se convierte en fuente de <u>trabajo mecánico</u>. A consecuencia de esto se producen movimientos enormes en la atmósfera y en el "océano mundial". Por estos efectos mutuos, la atmósfera y el "océano mundial" es considerado como una <u>máquina de calor</u> combinada cuya energía es entregada por el Sol.

De la continuidad relativa del clima se sigue que el sistema Tierra – Atmósfera irradia promediamente tanta energía hacia el espacio como la que llega desde el Sol.

Además de eso podemos determinar para la atmósfera – como un sistema termohidrodinámico independiente – ciertas condiciones de equilibrio físico. Se pueden limitar los estados de movimiento posibles que pueden sucederse en la atmósfera.

Vamos a enumerar las cuatro condiciones de balance global más importantes:

1 El balance de la cantidad de energía atmosférica

Se vio que la zona comprendida entre los 30 – 35° de latitud norte y sur recibe más energía que la que entrega, es decir hay un <u>superávit</u>. La zona fuera de la región tropical irradia mayor energía que la que recibe, por lo tanto, hay un déficit. Esta diferencia es equilibrada por la **Circulación General**.

2 El balance del momento del impulso del sistema Tierra – Atmósfera

El momento del impulso no varía, lo que entrega la Tierra a la Atmósfera también tiene que recibirlo por medio de la Circulación General. (Si no fuera así, el giro de la Tierra se desacelerara).

Si la atmósfera recibe momento de impulso de la superficie de la Tierra en ciertas zonas por medio de fricción, entonces este mismo tiene que entregarlo en otra región.

La Tierra se mueve en dirección Oeste – Este y con ello también gira la atmósfera a la misma velocidad y dirección.

En la región de los vientos del este (o sea donde el aire se retrasa con relación a la superficie de la Tierra en giro) la atmósfera recibe momento de impulso de la Tierra por la fuerza de fricción. Es decir, hay necesidad de que en ciertas zonas, por ejemplo cerca de la superficie el viento sea de oeste (es decir que se adelante con relación a la superficie de la Tierra en giro). Sólo de esta manera se asegura la entrega del momento de impulso recibido.

En la zona tropical y en los polos, generalmente corren vientos del este. Si en las zonas templadas no existieran vientos del oeste, entonces la condición del momento de impulso no existiera, en otras palabras, es más que necesario que existan dichos vientos (los del oeste).

Pero surge otro problema: para que exista ese cambio tiene que existir también que el momento del impulso se cambie de forma meridional entre las regiones también.

3 El equilibrio de la distribución de la masa de aire

A largo plazo, la distribución de masa de aire es invariable, es decir no hay un lugar en la Tierra donde la masa de aire continuamente aumenta, tampoco donde continuamente disminuye.

4 El balance de la circulación del agua atmosférica

En promedio de largo tiempo, la distribución de la lluvia y de la evaporación se tiene que quedar invariable.

Recopilación Histórica

Tomando en cuenta lo antedicho, la pregunta básica de la teoría de la circulación general es cuál modelo satisface las condiciones arriba señaladas y al mismo tiempo está de acuerdo con los datos de las observaciones también.

Observaciones Tempranas – Navegación Marítima

Los navegantes europeos recién salieron a los mares abiertos al final del siglo 15. En esos tiempos apenas si tenían idea de la ubicación de los continentes, peor aún de las corrientes de viento y de agua. A principios del siglo 17 se comenzó a formar una idea de dónde se puede contar con vientos apreciables y dónde hay carencia de ellos. Así se comenzó a dar diferentes nombres a las zonas (radrin forties: los 40 rugientes a los 40° y viento oeste. horse latitudes, trade winds, passat de origen holandés, dol drums: calma ecuatorial).

Desde el siglo 17, la navegación en desarrollo necesitaba datos más exactos relacionados con las leyes de la circulación general, con ello la ciencia de la meteorología comenzó a desarrollarse. Desde el momento en que los navegantes se aventuraron a navegar en los mares abiertos se puso en manifiesto la necesidad de los conocimientos relacionados a las corrientes marinas y de viento.

El primer trabajo serio está relacionado con el nombre del famoso astrónomo Edmund Halley (1656 – 1742) quien analizó los vientos del passat y monzón y en 1686 expuso sus teorías ante la sociedad de científicos londinenses.

PRIMEROS MODELOS

Quienes quisieron dar una idea de la circulación al principio, pensaron en una cuestión muy común: una olla con agua caliente en un lado y en el otro con agua fría, en el lado caliente sube, en el lado frío baja. No tomaron en consideración las fuerzas de gravitación, de fricción, etc.

El primer modelo verdadero fue construido por George Halley en 1735. El supuso la circulación de una "celda", o sea él pensó que el movimiento ascendente a través de la zona ecuatorial en los dos hemisferios se complementaba con un círculo (celdas) de circulación cerrada. Sin embargo, tomó en cuenta (aunque no puntualmente) la fuerza de desviación producida por el giro de la Tierra, con se adelantó con mucho al trabajo de Coriolis (1833). Además, también pensó en la exigencia del balance del momento del impulso del sistema Tierra – Atmósfera.

La dirección este de los vientos alisios dirigidos al ecuador fue explicada como un efecto del giro dela Tierra. Lo mismo para la corriente que se dirige por lo alto hacia los polos y se cierra en un círculo.

Según su modelo, el aire que va desde los polos al ecuador pierde la componente de velocidad oeste al llegar a los 30° y a consecuencia del giro de la Tierra gradualmente se dirige al este. Con eso creyeron que ya dio la solución.

Con nociones básicas parecidas a este modelo, Immanuel Kant (1756) y John Dalton (1793) también construyeron modelos.

Sobre la validez de todo esto, recién en el siglo 19 se comenzó a dudar cuando observando una gran cantidad de datos, se dieron cuenta que en la región subtropical (sin viento) hacia el norte, existían vientos de dirección sur oeste.

Teorías Modernas

De los siguientes trabajos, se tiene que mencionar el de A. Defant (1921) en el cual, y por primera vez se puso en manifiesto que en las zonas templadas, el movimiento está determinado por vórtices turbulentos de gran tamaño.

Este pensamiento fue desarrollado por C-G- Rossby (1941). En su modelo aparece ya la palabra "frente polar" que separa el aire frío de los polos de los calientes de la zona tropical y que realiza un movimiento ondulatorio. En este modelo ya se acepta el papel principal de los vórtices turbulentos de gran tamaño, pero todavía no se podía hablar de una celda meridional, es decir sobre el transporte entre zonas.

La interrogante anterior fue solucionada por V. P. Starr (1948) quien reconoció que los vórtices de la zona templada y las olas (horizontales) que se producen aquí pueden ser asimétricos también.

El pensamiento de Starr fue aseverado por los famosos experimentos de Fultz (1951) de "tina giratoria" con los cuales certificó que entre ciertas situaciones, en realidad se forman grandes ondas horizontales en sistemas similares a los de la atmósfera desde el punto de vista dinámico. Además, certificó también que esas ondas se inclinan hacia adelante y de esta forma pueden transportar momento de impulso hacia las latitudes más altas. Desde aquí ya existió el modelo de circulación (que si ha variado en algo es en ciertas insignificancias.

En base a A. Defant y D- Defant (1958), el siguiente gráfico da una idea de la esencia de la circulación general moderna.

<u>Medidas y ciclos característicos de los sistemas de movimiento atmosférico</u>

Cuando examinamos los movimientos que se suceden simultáneamente (sinóptica) en cualquier territorio dado de la atmósfera, nos damos cuenta que hay subterritorios donde las relaciones mutuas de los movimientos simultáneos son más fuertes que en otros. Estas formaciones, organizadas interiormente, durables o temporales son llamadas "sistemas de movimiento".

Los sistemas de movimiento pueden ser divididos en dos partes "casi-permanentes" y transientes.

<u>Los movimientos casi-permanentes</u> son aquellos que se mantienen durablemente o cuya formación, desarrollo, variación de lugar, terminación se repiten según un orden estacional regular. Estos pueden ser todos los movimientos que tienen relación con el ITC.

<u>Los movimientos transientes</u> son aquellos movimientos individuales que son temporales o que cambian su posición o estructura sin ningún orden previamente establecido.

Desde nuestro punto de vista vamos a analizar los movimientos transientes, en especial a lo que significan los ciclones tropicales y subtropicales, haciendo luego un breve análisis de lo que son los frentes.

Al final damos una visión de los movimientos convectivos, especialmente relacionado a las celdas convectivas, tornados que son de especial importancia en las latitudes altas.

Ciclones Subtropicales

Ya en los inicios de los años 50 existen referencias en la literatura especializada acerca de que en la zona subtropical (hasta los 10° -15° de latitud) aparecen frecuentemente vórtices ciclonales que se producen a una altura de más de 10 km y desde allí se expanden lentamente hacia abajo, pero rara vez tocan la zona donde se encuentran los vientos alisios (o sea en la tropósfera baja). Estos vórtices "altos" son llamados ciclones subtropicales. Dentro de estos ciclones, el viento más fuerte y la lluvia más intensa se encuentran a unos tantos cientos de km del centro y con dirección este – sureste.

Las espirales de nubes más desarrollada se encuentran entre la zona situada de 150 km de radio del círculo interior y de 650 km del radio de círculo exterior. O sea que puede haber un ojo de hasta 300 km de diámetro (que se diferencia totalmente de los ciclones tropicales). Dichos centros a los "ojos" son llamados también como de "frío".

14. CLIMATOLOGÍA

El efecto físico momentáneo de la atmósfera se llama <u>tiempo</u>.

La sucesión de los "tiempos" momentáneos es el <u>clima</u>.

De los climas construimos la noción de climatología: La climatología es el sistema de climas en algún lugar.

El objetivo de la climatología es el conocimiento de las leyes, de las cualidades de los climas tanto en frecuencia como en su ordenamiento en tiempo y en espacio.

Su primer objetivo es dar una información de valor práctico de las relaciones climáticas de un lugar dado. Es por eso que investiga las cualidades climáticas que influyen directamente en el hombre, en la vegetación, en la fauna, en el suelo, etc.

Su razón de ser se basa en la continuidad del clima, o sea en base de los datos del pasado, las cualidades van ser válidas en el futuro también.

Por lo tanto, la climatología también da información del clima a sucederse, naturalmente dentro del marco de los datos meteorológicos.

ELEMENTOS CLIMÁTICOS Y FACTORES CLIMÁTICOS

Los climas son caracterizados por los determinantes de estado dela aire considerado como un gas. Estos determinantes de estado son la temperatura, el movimiento, el contenido de vapor de agua, la forma y dimensión de la nubosidad, la cantidad y calidad del agua caída, etc.

Todos los determinantes de estado del aire relacionados con el clima son llamados como <u>elementos climáticos</u>.

Aunque los elementos climáticos son igualmente esenciales desde el punto de vista de la climatología aplicada, no se los considera de igual valor sino algunos son considerados como de mayor valor, tal es el caso de la lluvia, temperatura. Esto es debido a que nos interesa más su efecto a la superficie (que a lo que sucede en el proceso físico del aire).

Los elementos climáticos son muy diferentes en los distintos lugares de la superficie porque el aire está sometido a efectos distintos. Aquellos efectos que transforman el estado del aire y con ello los elementos climáticos son llamados factores climáticos.

Uno de aquellos efectos es la radiación solar de la cual se originan las relaciones de iluminación, la temperatura y todas aquellas que dependen de la temperatura. Debido a que el aire apenas puede absorber de los rayos solares, la mayor parte del efecto calórico de la radiación se transforma en calor en la superficie y de esta manera la superficie se transforma en fuente de calor para el aire.

La temperatura de la superficie y la cantidad de calor entregada al aire depende, por una parte, de la fuerza de radiación dirigida a la superficie, y por otra, de qué se compone dicha superficie. Si el aire no se moviera, entonces entre sus cualidades sólo estas harían su efecto.

Pero el aire se mueve y lleva consigo la cantidad de calor cogida en la superficie y también la cantidad de vapor de agua.

De la misma manera, la superficie en sí misma también se mueve, si esta es líquida se transporta a otros lugares en forma de corriente de agua, marina.

Por lo tanto, las corrientes de agua y aire transportan la energía solar llegada a la superficie desde el lugar de su arribo a otros lugares, o sea por medio de ellas se realiza la circulación de energía en la superficie.

En total, existen tres factores climáticos que son primordiales:

1 la energía de radiación del sol.

2 la forma de la superficie que capta la radiación.

3 las corrientes de aire y marinas que transportan los efectos de los anteriores.

La relación de efectos y consecuencias está dada en la siguiente tabla:

1. *Factores Meteorológicos y Climáticos*

La radiación del sol: el ángulo de caída de los rayos el tiempo de radiación la capacidad de permeabilidad de la atmósfera

La forma de la superficie que capta la radiación: composición material (continente, océano) altura sobre el nivel del mar vegetación, hielo o nieve

Transporte de energía superficial: corrientes de aire (clases de aire, frentes) corrientes marinas

Ellos transforman los elementos meteorológicos durante corto tiempo. Durante largo tiempo transforman los elementos climáticos.

2.   Elementos Meteorológicos y Climáticos

Temperatura, contenido de vapor de agua, nubosidad, lluvia, presión atmosférica, viento, fuerza de radiación, etc. De ellos se componen los diferentes tiempos, sus sistemas para un lugar componen los climas.

3.   Clases de tiempos y tipos de climas

Del proceso anterior, la climatología aplicada está interesada en el resultado final, es decir, qué tipos de climas se forman en la superficie.

RADIACIÓN

Se recalca en esta parte la radiación proveniente del Sol, la constante solar, longitud de onda, frecuencia, las pérdidas hasta llegar a la superficie (absorción, dispersión, difusión, reflexión). Se habla también de la irradiación de la superficie (onda larga), del efecto invernadero, el balance de energía.

El Efecto de la Superficie

La toma y entrega de calor de la superficie

La superficie capta la radiación, una parte de ella es reflejada, otra es absorbida, es decir la transforma en energía atada a la materia terrestre. Esa energía aumenta el movimiento calórico de las moléculas de la superficie que capta. La energía calórica se expande en la superficie. El transporte de calor puede realizarse con radiación, con conducción de calor, con mezcla o con las variaciones de estado del agua.

Si la superficie terrestre fuera de un solo componente y lisa, entonces todas las formas de entrega de calor se presentaran de similar manera en todo lugar y la circulación de calor de cada lugar se diferenciaría sólo por la cantidad de radiación recibida. En la realidad, la composición material de la superficie es muy diferente, además hay protuberancias y vegetación. Todas las cualidades de la superficie influyen gradualmente en las maneras de entrega de calor, es decir la utilización de la energía obtenida muestra diferencias de lugar.

Efecto de la composición material de la superficie

El Efecto de la composición material de la superficie se presenta, en primer lugar, en la diferente capacidad de reflexión. La cantidad de energía que no es reflejada, es absorbida por la superficie, la coge y entrega según diferente manera. Estos efectos son producidos principalmente por dos materiales: el suelo seco y el agua.

Para hacer el análisis se tiene que partir que las dos materias tienen diferente volumen específico, la del agua es menor y es considerada como la unidad. La de los suelos secos tiene como promedio 0,2 gcal/g. En base a las diferencias de capacidad calórica, a la misma cantidad de insolación, el aumento de temperatura del suelo seco es el doble que el del agua, y a la misma irradiación, el agua de capacidad calórica doble sufre solamente la mitad de la pérdida de energía que el suelo seco.

Otra diferencia física importante entre las dos superficies es que la radiación no puede penetrar en el suelo, en cambio en el agua puede penetrar hasta 15 – 20 m. Por lo tanto, la insolación se transforma completamente en calor en la superficie del suelo seco, en el agua sólo en una capa muy ancha, o sea para la superficie queda sólo una pequeña cantidad.

Otra diferencia es que por las noches el calor en el suelo de la superficie calentada se expande por conducción a las regiones inferiores y de las regiones inferiores hacia la superficie enfriada. Este es un proceso muy lento, el calor obtenido durante el transporte de insolación se reúne en la superficie y mantiene alta su temperatura. Durante las noches el proceso es el contrario, la conducción lleva poco calor de las regiones bajas hacia la superficie enfriada y así la temperatura se queda baja.

En el agua, el calor se transporta principalmente por mezcla que transporta las aguas superficiales al fondo y las del fondo hacia cerca de la superficie.

Por lo tanto, hay diferencias básicas entre las dos superficies en el modo de transporte del calor. Es por eso que el calentamiento originado de la toma de energía diaria en el suelo penetra a 05 - 1 m, en el agua a 15 – 20 m, en un verano que haya sido rico en radiación las cantidades de calor mensuales alcanzan los 6 – 20 m, en los lagos 80 – 100 m y en los océanos 400 m.

Como consecuencia de esto, sobre el suelo durante el día y durante el verano hay un gran calentamiento, durante la noche e invierno se enfría fuertemente.

Sobre las superficies de agua esas variaciones son muy pequeñas y reina un estado calórico mucho más uniforme que sobre los suelos.

CLIMA CONTINENTAL Y MARÍTIMO

El mantenimiento de energía de las dos clases de superficie no sólo se diferencia en la forma cómo guarda la energía calórica sino en que la energía atada es utilizada de diferente manera. Las dos clases de superficie gastan cantidad de energía para evaporación de diferente manera y así entregan diferente cantidad de vapor al aire situado sobre él. (Sobre el agua mayor cantidad).

Además, existe el efecto de que el contenido de vapor puede absorber grandemente la irradiación de onda larga, es por eso que en las noches y en invierno es fuerte la irradiación y se enfría menos que sobre el suelo donde la irradiación es menor. Todo esto implica que la temperatura diaria varía menos sobre el agua que sobre el suelo.

La influencia de contenido de vapor de agua que es mayor sobre los mares y menos sobre los continentes se incrementa por el factor de que el vapor de agua existente en el aire se condensa y se forman nubes. Su papel es que modifica tanto la radiación como la irradiación. Por lo tanto, debido a que existe mayor cantidad de vapor de agua sobre los mares, es menor la cantidad de radiación y a la vez menor irradiación, produciendo mayor variabilidad.

Si sumamos los efectos originados del vapor de agua y nubosidad a las diferencias dadas de la toma y entrega de energía, entonces podemos decir que hemos certificado la separación de estado calórico del continente a marino.

De todos los efectos indicados se puede decir que los continentes se calientan y se enfrían más fuertemente en los ciclos de radiación diario y anual. En cambio, el mar muestra relaciones de calor uniforme y pequeñas variaciones.

El estado calórico diferente de las dos clases de superficie determina también las cualidades del aire situado encima, especialmente en su temperatura, contenido de vapor de agua y nubosidad.

Aquellas diferencias características que se dan en los estados del aire sobre las dos clases de superficie nos dan las diferencias de los climas continental y marítimo.

El efecto de la altura sobre el nivel del mar

Las desigualdades de la superficie con el aumento de la altura significan que la densidad del aire sea menor y que los componentes causantes de la absorción y difusión sean raros, de esta manera los procesos de radiación son más efectivos porque sufren menos pérdidas. Otra modificación también significa que en una superficie desigual, la radiación se distribuye des-uniformemente. Las laderas que están frente a la radiación reciben mayor cantidad de energía que aquellas que se encuentran al otro lado.

También existen relaciones de esta manera con los movimientos de aire y que producen lluvia.

Por lo tanto, las cualidades del aire sobre las alturas generan un clima de montaña propio que se diferencia esencialmente de las relaciones atmosféricas reinantes sobre las planicies.

Las diferencias principales que caracterizan la situación montañosa son las siguientes:

1 presión atmosférica baja

2 incremento de la circulación de la radiación

3 temperatura media disminuyente

4 lluvia en aumento

5 relaciones de viento

La disminución de la presión atmosférica con la altura

Con el aumento de la altura sobre el nivel del mar, el aire no sólo que se hace cada vez más raro, sino que sea más fino, así por estas dos causas hay una masa de aire de menor peso en la columna. La disminución de la presión atmosférica es un fenómeno tan regular que es calculable para cada altura. Sólo se tiene que conocer la temperatura media de la columna de aire.

Sea:

m la diferencia de altura en metros

p_1 la presión atmosférica en el nivel inferior

p_2 la presión atmosférica en el nivel superior (la que se va a calcular)

t la temperatura media de la columna de aire en la altura m

Entonces se puede calcular con una puntualidad suficiente:

$$\log p_1 - log p_2 = \frac{m}{18460(1 + 0{,}004t)}$$

El denominador se puede sacar de tablas ya preparadas (de las medidas barométricas)

La disminución regular de la presión atmosférica con la altura nos da la posibilidad de calcular las diferencias de altura de los datos simultáneos de presión de dos lugares. Naturalmente se tiene que tomar en cuenta la temperatura media de la columna de aire que se calcula de la media de la temperatura de los dos lugares:

$$m = 18460(1 + 0{,}004t) log \left(\frac{p_1}{p_2}\right)$$

Debido a que en condiciones normales la presión atmosférica no varía rápidamente, la medida de la altura puede ser hecha con un medidor de peso de aire y un termómetro. No es tan puntual, pero tiene una buena aproximación. Este mismo método es utilizado en los aviones relacionando directamente la presión con el nivel de altura del aeropuerto.

El organismo de una persona que vive junto al nivel del mar está acostumbrado a una mayor presión y a una mayor densidad de aire. Si deja este lugar acostumbrado y viaja a lugares más altos recibe menor cantidad de oxígeno y por eso existen molestias fisiológicas. A causa de la insuficiencia en la captación de oxígeno, la respiración será rápida e irregular, posiblemente saldrá sangre por la nariz, desmayos, mareo e incluso puede suceder la muerte. Generalmente no hay grandes dolores, pero puede aparecer depresión. Todo esto no sólo puede suceder al subir a lugares de montaña sino también en los viajes de avión.

La disminución del balance de energía con la altura

El aire de montaña dejar pasar mejor la insolación e irradiación, mejor que en el aire situado en un lugar bajo, no sólo porque es más raro sino porque el contenido de agua y contaminantes disminuye considerablemente con la altura. (En una altura de 2500 m es menor con un 15 – 20 % en verano y con un 40 -50 % en invierno porque aumenta el factor de extinción).

En la altura no sólo que aumenta la cantidad de insolación sino también su calidad. La radiación solar en una montaña contiene mayor cantidad de rayos UV que en las planicies, la parte que pasa es la no absorbida por el ozono en la región de 0,36 – 0,29 μm. En las partes bajas, esta cantidad es absorbida por los contaminantes, es decir bajando desde las zonas montañosas hacia las planicies, la cantidad de rayos UV disminuye rápidamente. (Efectos a la piel, vegetación).

Las partes altas apenas absorben y difunden los rayos solares por su rareza y limpieza y es por esto que se presentan diferencias marcadas en las relaciones de radiación de planicies y montañas.

La cantidad de vapor de agua es menor. Esto influye en la irradiación, es mayor también. El balance de radiación es cada vez peor y eso influye en que existe menor temperatura.

La disminución de la temperatura con la altura

La disminución de la temperatura con la altura es de un promedio de 0,5 – 0,6 °C por cada 100 m, pero pueden existir diferencias.

La medida de la disminución del calor vertical depende de la forma y masa de la zona montañosa en aumento. Aquí tenemos que pensar que la superficie sólida situada arriba absorbe la insolación y la convierte en fuente de energía para su ambiente circundante lo que implica que hasta cierto tiempo su aire va a ser más caliente que el de sobre una planicie situada a la misma altura.

Donde es pequeña la superficie del suelo – como en las cimas de las montañas – la masa del aire calentado es ínfima y así los movimientos de aire se estacionan fácilmente. En planicies extendidas o en valles cerrados son mayores las condiciones de calentamiento. Es por eso que la disminución vertical del calor en montañas solas es mayor que en las alturas en forma de planicies.

Por lo tanto, las montañas y las planicies se presentan como islas de baja temperatura y debido a la disminución de su temperatura con el aumento de la altura presentan muchas similitudes con el clima de las latitudes en aumento.

La relación de la lluvia con la altura

La montaña obliga a subir a las corrientes de aire que se dirigen a ella lo que conduce al enfriamiento del aire, a la condensación de una parte del vapor de agua y al final a la formación de lluvia. Es por eso que sobre las zonas montañosas la lluvia es más abundante que en las planicies que las rodean y hasta un cierto nivel aumenta con la altura. Pasando de este nivel, sin embargo, la cantidad de lluvia tiene que disminuir porque el contenido máximo de vapor de agua en el aire más frío es menor.

La zona de mayor cantidad de lluvia se encuentra donde el contenido de vapor de agua promedio del aire que sube se convierte en vapor saturado debido al enfriamiento que sucede y en ese momento comienza la condensación. En ese nivel se forma la lluvia junto a la más alta temperatura y por eso – debido a que el aire caliente contiene mayor cantidad de vapor de agua que el frío – en el caso de un enfriamiento continuo similar a esa altura se forma más lluvia que en lugares más altos donde el aire es más frío.

En invierno el contenido de vapor de agua está cerca del valor de saturación, es por eso que un pequeño enfriamiento ya produce lluvia. En verano, al contrario, está lejos del valor de saturación, es por eso que para que haya lluvia se necesita de un fuerte enfriamiento.

El lado de una montaña por la que sube la corriente se llama lado luv, el lado contrario lee. En el luv se produce lluvia, en el otro no. En el primero porque el aire ascendente se enfría y su contenido de vapor de agua se acerca al valor de saturación, en el otro porque el aire descendente se calienta y su valor se aleja del de saturación.

La nieve y las montañas

Con una altura mayor y debido a la temperatura descendente, un gran porcentaje de la lluvia cae en forma de nieve. Debido a que junto a temperaturas bajas la evaporación de la nieve es ínfima, la nieve caída durante el año se acumula y desde una altura determinada forma una cubierta continua.

La parte inferior de la cubierta de nieve no cae justo con el límite del hielo sino se ubica más abajo o más arriba.

La influencia de la vegetación al clima

Existe efecto mutuo entre el clima y la vegetación. Aquí no se va tratar extensivamente sobre el efecto del clima porque es un trabajo de la geografía de vegetación, pero hay que anotar que el efecto climático aparece en dos situaciones: la marcha anual de la temperatura y dentro de ella una longitud de una casual estación seca. La primera causa es importante en las latitudes altas y medianas, la segunda causa en las alturas bajas. Las dos son capaces para servir de base en l diferenciación de los climas.

El efecto de la vegetación al clima se puede resumir en lo siguiente: la vegetación capta la insolación y con ello la participación de la circulación de la energía por parte del suelo se vuelve secundaria. Si es totalmente cerrada, coge el papel de la superficie y la radiación caída es recogida y entregada por su propio territorio.

El comportamiento de la vegetación es diferente de la del agua o de la del suelo en cuanto a la radiación se refiere. (Una parte es cogida por las hojas, otra por los tallos, etc.). Además, en las partes de la planta son diferentes la absorción, la temperatura, el albedo, la irradiación, la evaporación. Pero también son diferentes las relaciones entre una y otra clase de vegetación.

Las diferencias de cubiertas de vegetación por lo tanto también significan diferencias en su aire. (De ello se ocupa la micrometeorología). Entre todos los microclimas de la vegetación el que mayormente ha sido estudiado es el del bosque, por eso se lo trata con detalle enseguida.

El microclima del bosque

La influencia del bosque se extiende al suelo bajo los árboles, al espacio situado sobre la copa de los árboles y también a la parte de aire situada sobre ella. (Suelen relacionar sólo a la parte entre árbol y árbol). El papel del bosque relacionado al clima vamos a conocerlo mejor si lo examinamos como un todo y lo comparamos con las relaciones de los territorios sin árboles.

Las cualidades del clima del bosque se concentran en primer lugar en la capacidad de captación de la radiación. Las hojas, ramas captan la radiación, de esta forma sólo poca radiación llega y penetra al suelo.

Angstrom examinó la intensidad de radiación en el bosque y fuera de él y encontró que una radiación de 0,99 gcal/cm^2 min en un campo libre, al mismo tiempo que en:

un bosque de 15 m de alto   la intensidad fue de 0,04 gcal/cm^2 min

un bosque variado de 10 – 20 m de alto   la intensidad fue de 0,02 – 0,03 gcal/cm^2 min

un bosque de cipreses de 20 m de alto   la intensidad fue de 0,01 gcal/cm^2 min

Es interesante anotar que la iluminación de los bosques apenas se diferencia cuando está soleado o cubierto. Soleado = radiación directa, Cubierto= radiación difusa.

Debido a que el espacio de la copa capta la radiación, este lugar se convierte en el teatro del calentamiento diurno. En cambio, las partes inferiores participan sólo en forma mediana en el calentamiento. Por las noches, la irradiación parte de las copas, por lo tanto, estos se enfrían más y naturalmente el suelo se queda más caliente.

En el bosque existen dos superficies evaporantes, la una es el mismo suelo y la otra la superficie de las hojas. Ya el espacio entre los troncos de los árboles es generalmente sin viento, gran parte del vapor de agua producido por el suelo se queda en el lugar, es por eso que el aire de ese espacio es rico en vapor de agua, muy húmedo.

Debido al fuerte calentamiento diurno de la copa es muy fuerte la evaporación. Por la noche la copa es el lugar de entrega de calor, y sobre la superficie de las hojas se presenta el rocío producto de la condensación del contenido de vapor de agua dela aire.

Con relación a l lluvia, el bosque también presenta un comportamiento propio. Lluvia fina, de pequeña intensidad es captada por las hojas y las ramas no pudiendo penetrar al suelo. La lluvia más fuerte ya penetra más abajo, una parte corre por las hojas, otra por las ramas e incluso otra parte ya llega al suelo.

Existe una pregunta muy cuestionada y que es: ¿tiene el bosque poder de incrementar la lluvia? Según las políticas de forestación, si para concientizar a l gente.

Sin embargo, los experimentos hasta ahora hechos no han aseverado ciertamente ello. Según el estudio de Schubert, en la región de Leitzlingi Heide colocó una red de 28 estaciones. De los resultados se obtuvo que la cantidad de lluvia sólo se aumentó en un 6 %. En otros lugares se estableció un aumento del 2 – 3 %. Y no solamente las experiencias sino tampoco las teorías aseveran el efecto del aumento de potencial de la cantidad de lluvia.

Lo que si sucede es que las clases de lluvia que no caen, tales como el rocío, escarcha (que se forman en las superficies enfriadas) es de una cantidad grande que cuando cae se produce una verdadera lluvia. De esta forma el suelo puede almacenar y la administra muy bien.

IV LAS CORRIENTES DE AIRE

Avanzando desde la línea ecuatorial hasta los polos podemos diferenciar muchas zonas:

1 La Zona Ecuatorial: es la región de baja presión, los movimientos de aire son débiles, es la zona casi sin viento.

2 La zona de los vientos alisios: avanzando hacia los 30° de latitud en cada hemisferio, en la región Norte el viento predominante es N- E, en el Sur es S – E.

3 La Zona Templada: entre los 30° – 60° se ubica la zona de los vientos que cambian de dirección espontánea, vientos caprichosos. De todas formas, en el Norte reinan los vientos Oeste.

4 La zona de los vientos polares: entre los 60° a los polos. Aquí también cambian de dirección espontáneamente y su fuerza es grande. La frecuencia mayor es la de los vientos Este.

Sistemas de Vientos Locales

<u>1 Monzón</u>

Debido a la característica propia de acumulación de calor de los continentes, de los mares, los continentes en verano se calientan mejor y en invierno se enfrían mejor también que los océanos.

En verano, los continentes bien calentados producen movimientos convectivos ascendentes y en lo alto se producen territorios de baja presión y el aire se expande.

En invierno se producen los anticiclones sobre los continentes enfriados y el aire se concentra.

En los mares que rodean los continentes se producen relaciones de presión contrarios en los dos períodos.

Para equilibrar las diferencias de temperatura y presión así producidas se forma una corriente de aire que se dirige en verano del mar hacia el interior del continente, en invierno, al contrario.

Estas corrientes de aire que varían periódicamente durante el año son llamados <u>vientos – monzón</u>.

Los monzones de invierno que parten del continente son secos y están acompañados de tiempo despejado. Los monzones de verano que parten de los mares son húmedos y que van acompañados de lluvia y cubiertos de nubes.

Los vientos monzón influyen de manera determinada en la formación de los climas en su lugar de aparición. Se puede denotar que existe una marcha anual de lluvia y nubosidad.

2 Viento Marino

La diferencia de temperatura entre los continentes y los mares no sólo se desarrolla en la marcha anual de la radiación sino también en el período diario. Si la insolación es lo suficientemente fuerte, entonces el continente es más caliente que el mar durante el día, en la noche más frío. Esas diferencias de temperatura se transforman en diferencias de presión y se forman corrientes de aire para lograr el equilibrio.

Por la noche sobre el continente más frío está la presión alta, sobre el mar caliente la presión baja, es por eso que el viento corre del continente hacia el océano. Durante el día, principalmente al mediodía, la situación de la presión atmosférica es la contraria, el viento corre desde los océanos hacia los continentes.

La parte hasta donde llegan estos vientos es diferente. Por ejemplo, en las regiones templadas pueden alcanzar los 25 – 30 km, en los trópicos 80 – 100 km. De eso la mayor parte cae hacia los continentes que hacia los océanos porque los vientos que vienen del mar son siempre más fuertes. La mayor fuerza de ellos es ocasionada por una parte porque la diferencia de temperatura entre las dos superficies es menor durante el día que durante la noche y por otra parte, la corriente desarrollada sobre el mar está frenada por una menor fricción que sobre los continentes.

3 Viento de valle – montaña

Entre las montañas y su ambiente también se producen diferencias de temperatura porque durante el día si la insolación es fuerte las laderas se calientan más que la atmósfera libre al mismo nivel. Por la noche, al contrario, más frías. Debido a que el aire caliente asciende, durante el día el aire sube por las laderas, el aire frío baja, por lo tanto, el viento desciende sobre las laderas.

El aire ascendente se llama viento de valle, el descendente viento de montaña. Generalmente el viento de valle es más desarrollado que el de montaña.

En los trópicos donde el clima está determinado en gran parte por la radiación, el viento de valle – montaña es un fenómeno regular tal como el marino.

4 Ciclones Tropicales, Tornados

PAPEL CLIMÁTICO DE LASCORRIENTES MARINAS

La superficie calentada de diferente manera causa las diferencias de temperatura y presión en el aire situado sobre ella y para lograr su equilibrio se forman las corrientes de aire. En la superficie de los océanos no se producen diferencias de calentamiento local, pero en cambio se producen diferencias de temperatura que se acoplan a las distintas zonas geográficas que hacen que se mueva el agua de forma similar como el aire.

Sin embargo, aquellas corrientes marinas que se forman por corrientes térmicas son débiles; aquellas son mucho más fuertes las que producen vientos de carácter duradero. Vamos a ver su papel climático. La relación de las corrientes marinas con los vientos duraderos – continuos puede ser conducida hacia la circulación global.

Como ya se señaló, la gran circulación global tiene tres sistemas de viento continuo: los vientos alisios, los del oeste y los vientos polares del este. Estos vientos continuos entregan velocidad a las moléculas de agua con las que se chocan a través de la fricción superficial y mantienen corrientes marinas cuya profundidad puede alcanzar los 50 – 150 m.

En los dos lados de la línea ecuatorial, a causa de los vientos alisios este, se forman corrientes marinas de dirección oeste, son las llamadas corrientes ecuatoriales. Ellas se desintegran en dos partes en las costas orientales de los continentes: una rama se da la vuelta hacia el este entre la parte oeste, la otra se va directamente al polo. Esta última rama coge la dirección este por efecto de los vientos oeste en las zonas templadas. Esta corriente se divide en dos ramas después de chocar con la parte oeste de los continentes, una sur y otra norte.

De todo lo dicho, la importancia climática es que en los territorios de los océanos se mueven diferentes masas de aire que se originan de diferentes lugares que son calientes o frías en relación a su ambiente dependiendo de su clase de aire.

Las corrientes provenientes de las latitudes bajas llevan consigo toda su capacidad calórica cuando se mueven hacia las latitudes altas esa energía es entregada al aire situado allí y con ello se realiza un transporte de energía enorme.

Las corrientes marinas que provienen de las latitudes altas hacen el efecto contrario al anterior caso.

Las costas orientales delos continentes, desde la línea ecuatorial hasta los 40°, ganan en calor porque por allí corre la rama que se dirige de la corriente ecuatorial caliente a los polos. Al contrario de esto y a la misma latitud, las costas occidentales de los continentes son frías porque allí llegan las corrientes frías que ya han recorrido regiones más altas.

Sobre los 40°, la situación es otra porque allí las costas occidentales son templadas y las orientales más frías. Las costas occidentales reciben las corrientes marinas caliente provenientes de latitudes más bajas; en cambio, las costas orientales reciben las frías provenientes de latitudes más altas.

El agua del Océano Atlántico y el aire situado sobre él junto a las costas occidentales de África del Norte y sobre todo a través de las costas occidentales de Sud América es muy fría. Lo mismo encontramos en el Océano Pacífico, en las costas de California y especialmente en las de Chile y Perú. Prácticamente sólo la región ecuatorial no participa en este enfriamiento general junto a las costas occidentales porque la corriente que da la vuelta transporta agua caliente.

Al contrario de esto, las costas orientales son calientes regularmente por todos los lugares. Por ejemplo, la costa de Brasil al norte, así como también los archipiélagos de India Occidental y Asia Oriental.

Entre el norte de África y América Central existe una diferencia anual de 2 – 4 °C, en el mes más caliente puede llegar hasta los 7 °C.

Los valores correspondientes de la diferencia de temperatura entre las costas de África del Sur (oeste) y las costas orientales de Sud América muestran anualmente 4 – 6 °C y en el mes más caliente 6 – 8 °C. Esa gran diferencia tiene gran efecto en la vida marina (pesca, turismo, etc.).

Naturalmente las corrientes marinas no sólo influyen en la temperatura de las costas sino también en las relaciones de lluvia de ellas.

Además de las corrientes marinas, existe otro factor que juega un papel efectivo en la modificación del clima de las costas y es el agua fría que proviene de las capas profundas del mar. La causa del aparecimiento del fenómeno es que la temperatura de los océanos disminuye rápidamente hacia adentro.

Los principales lugares donde existe este fenómeno producido por la fuerza de los vientos son los siguientes:

1 La costa occidental de África del Norte, desde las costas de Marruecos hasta el río de Orioi.

2 La costa del suroeste de África desde Angola hasta Cape Town.

3 La costa de California desde los 40° N hasta la parte extrema sur de la península, principalmente en verano.

4 La costa occidental de Sud América desde los 50° S hasta las costas de Perú.

5 Las costas de Somalia y el sureste de Arabia en tiempo del monzón SW.

Esos lugares concuerdan con las costas de las corrientes marinas frías con la excepción del 5to lugar, esas llevan desde los continentes al mar.

El efecto de las corrientes marinas frías es agregado al efecto de que el agua fría sube a la superficie y así se muestran las grandes diferencias con las costas orientales situadas frente a ellas.

La importancia de todo lo dicho desde el punto de vista climático es que las masas de agua calentadas de diferente manera cambian esencialmente la distribución superficial delas relaciones térmicas con su constante cambio de lugar y con la circulación general del aire relacionada con el mismo tipo de consecuencias, ayudan para que la gran diferencia de calor entre el ecuador y los polos se modere.

Las corrientes marinas frías de la zona ecuatorial influyen principalmente en las relaciones de la lluvia. Sobre las costas cercanas a las corrientes de Humboldt y de Benguela y especialmente en la región que abarcan las corrientes, se puede apreciar que apenas cae lluvia durante el año, hay indicios de desiertos. La causa de esto es que sobre las corrientes frías que enfrían el aire desde abajo se forma una capa de inversión de la temperatura, lo que causa una cubierta de neblina delgada y hace imposible la formación de nubes convectivas (Cb) que son las que producen gran cantidad de lluvia.

Sin embargo, hay unos períodos cuando los vientos alisios SE son débiles, entonces el agua fría no sube a la superficie, así la temperatura superficial sube, sobre esos lugares desérticos cae abundante lluvia. Eso se puede notar principalmente en la corriente de Humboldt. Así por ejemplo en la Isla San Cristóbal del Archipiélago de galápagos se tiene una suma media -anual de 300 mm, pero en el año más lluvioso 1424 mm, en el más seco 91 mm.

Cuando no sube el agua fría, se desencadena una serie de fenómenos. El agua fría que sube es rica en oxígeno y por eso es abundante en plancton; esto significa que las condiciones de vida de los peces excelente. Si ese fenómeno no existe, entonces no hay plancton, los peces van a otros lugares, lo que acarrea pérdidas en la pesca, las aves que se alimentan de los peces mueren.

Sobre las costas de Ecuador y Perú, el comienzo de la época lluviosa cae a mediados de diciembre. Si el agua de mar es más caliente del promedio, la época lluviosa está marcada por tempestades violentas. Este fenómeno es conocido como "El Niño". La causa de su aparecimiento es la variación de la intensidad de los vientos alisios SE. Según los últimos estudios, El Niño está relacionado con el desarrollo de la región de alta presión subtropical del Océano Pacífico Sur. Si la presión atmosférica en dicha región es mayor que la media, los vientos alisios SE son fuertes, si la presión atmosférica del subtrópico es menor a la media, los vientos alisios SE son débiles, es cuando aparece el fenómeno de El Niño.

LAS VARIACIONES TEMPORALES DE LOS ELEMENTOS CLIMÁTICOS

La Marcha Diaria de los Elementos Climáticos

1 La marcha diaria de la temperatura

2 La marcha diaria de la presión

3 La marcha diaria de las corrientes de aire

4 La marcha diaria de la humedad del aire

5 La marcha diaria de la nubosidad

6 La marcha diaria de la lluvia

7 La marcha diaria de la heliofanía

La Marcha Anual de los Elementos Climáticos

1 La marcha anual de la temperatura

2 La marcha anual de la presión

3 La marcha anual de las corrientes de aire

4 La marcha anual de la humedad del aire

5 La marcha anual de la nubosidad

6 La marcha anual de la lluvia

7 La marcha anual de la heliofanía

LA DISTRIBUCIÓN ESPACIAL DE LOS ELEMENTOS CLIMÁTICOS

1 La distribución espacial de la temperatura

2 La distribución espacial de la presión atmosférica y de las corrientes de aire

3 La distribución espacial de la humedad del aire

4 La distribución espacial de la nubosidad

5 La distribución espacial de la heliofanía

6 La distribución espacial de la cantidad de lluvia

LA CLASIFICACIÓN DE LOS CLIMAS

La primera clasificación de los climas fue hecha a base de la cantidad de energía solar que llega a la superficie y de su distribución estacional. La más fuerte cantidad de energía solar y por ende la menor variación está en la región ecuatorial y polar. Entre los trópicos de Cáncer y Capricornio y los polos, la cantidad de radiación solar es menor y la variación mayor, esta es la zona templada. Sobre la zona templada donde es mucho menor la cantidad de radiación, pero es mucho mayor la variación, se encuentra la región polar.

El territorio de las tres regiones climáticas, expresado en porcentaje, es el siguiente:

-La zona ecuatorial   40 %

-La zona templada   52 %

-La zona polar   8 %

Debido a que la zona ecuatorial está unida en los dos hemisferios forman un solo conjunto, la proporción de él es de menor peso que los otros.

La relación es la siguiente: 1: 6,5: 10: : 6,5 :1

Pero este sistema es muy discutible desde algunos puntos de vista. Por ejemplo, distingue pocas clases, su distribución espacial es desproporcionada y por eso la zona templada une muchas diferencias climáticas y no representa realmente su nombre.

La verdadera clasificación comenzó cuando Supan propuso la clasificación de los elementos climáticos de acuerdo a su variación temporal y espacial. Justamente el consideró la temperatura, limitando con las isotermas y no con las zonas. Uno de los que más desarrollo hizo fue Köppen.

Después se dieron cuenta que con la variación de una sola cualidad del aire no se podía caracterizar la variación climática. Es por eso que se esforzaron en introducir mayor número de elementos. Aparte de considera la temperatura se acostumbra introducir la lluvia y el contenido de vapor de agua.

Otros en cambio renunciaron a clasificar de esta manera, optaron por analizar sus consecuencias, por ejemplo, examinaron los fenómenos hidrológicos y vegetales para luego ponerlos en un sistema.

En lo siguiente se mostrará el trabajo de Penck quien distinguió los siguientes grupos y tipo de clima según los fenómenos hidrológicos.

1 Clima Húmedo: la lluvia es mayor que la evaporación. El superávit va en forma de agua a los ríos.

Tipo a) clima polar, debido a la baja temperatura, en lugar de agua de suelo hay hielo en el suelo, por eso no hay fuentes.

Tipo b) clima freático, una parte de la lluvia penetra en el suelo, por eso hay agua en el suelo y se producen fuentes.

2 Clima Árido: la evaporación consume toda la lluvia y además podría consumir más. Ahí no se originan ríos, a lo máximo llegan los de otros lugares.

Tipo c) semiárido, el agua caída corre rápidamente, otra parte se entra en el suelo, pero esa cantidad no es grande porque en la época seca se evapora.

Tipo d) árido, la lluvia es tan pequeña que no puede humedecer el suelo.

3 Clima Nival: donde la mayoría es nieve o de las otras clases de lluvia sólida. El transporte es realizado por medio de glaciares.

Tipo e) seminival, donde la nieve es a veces intercambiada por lluvia.

Tipo f), donde exclusivamente cae lluvia sólida.

Los tres tipos climáticos principales son separados por dos límites climáticos principales. El uno es el límite de la nieve, este separa el clima nival del húmedo. El otro es el límite que separa el clima húmedo del árido.

Desventaja: no hay mapas para representar todo esto.

CLASIFICACIÓN CLIMÁTICA DE KÖPPEN

Es uno de los sistemas más aceptados y a la vez más usado. Tuvo su forma actual en 1918. Esta clasificación es compleja y mantiene una relación estrecha con el material estadístico de las observaciones atmosféricas porque toma en cuenta la temperatura, su oscilación anual, la cantidad de lluvia, su oscilación anual, y además de eso toma en consideración muchos fenómenos naturales. Señala cada clase de clima con letras dando una expresión en forma de fórmula, dando posibilidad de dibujar y clasificar muy finamente.

El sistema parte de las siguientes 5 zonas climáticas principales:

A = cálido, zona de lluvia tropical. (La temperatura del mes más frío es >18 °C.

B = zona árida, en cada hemisferio. (El límite no está dado por la temperatura sino por el déficit de lluvia).

C = zona templada caliente en cada hemisferio, donde no se produce una cubierta de nieve continua. (La temperatura media del mes más frío está entre 18 °C y -3 °C).

D = una zona con una gran oscilación de temperatura anual (El mes más frío es bajo -3 °C, el mes más caliente más de 10 °C). Dentro de esta zona hay bosques en verano y en invierno cubierta de nieve. En el hemisferio sur no existe porque el territorio es pequeño.

E = más allá del límite de donde hay bosques hay un territorio polar en los dos hemisferios. (El mes más caliente bajo 10 °C, y una parte de él es un territorio con nieve perpetua).

Por lo tanto, existen 8 zonas principales en los dos hemisferios que pueden ser aumentados por las relaciones de lluvia.

Por ejemplo, en la zona A, la región ecuatorial como también aquellas zonas de montaña donde el monzón de verano está obligado a subir, cada mes reciben gran cantidad de lluvia, peo en otros lugares aparece un período seco bien desarrollado o no. Debido a que la temperatura es casi similar en toda esta zona, para la vegetación es muy importante la magnitud de la sequía resultante.

En la zona B el déficit de lluvia tienen dos grados: la primera es la época de lluvia que si permite la vida de la vegetación que no requiere de mucha agua y la otra cuando no hay nada de lluvia y no hay nada de vegetación.

En las zonas C y D es de principal importancia el factor de que la sequía cuándo se presenta, en la época caliente o en la fría. De esto depende el desarrollo de la vegetación.

Todas estas diferenciaciones están representadas por la segunda letra que está junto a la letra mayúscula principal.

Por lo tanto, en los climas A, B, C, D, la segunda letra significa la falta o presencia de lluvia y en este caso último significa el tiempo.

f = continuamente húmedo, lluvia cada mes, no hay época de sequía.

s = la época seca se presenta en verano

w= la época seca se presenta en invierno

En el clima B, la segunda letra significa la medida de la sequedad.

S = clima de estepa

W = clima de desierto

En el clima E, la segunda letra significa la temperatura de verano

T = clima de tundra

F = clima helado

De la diferenciación de ellos se originan los 11 tipos de clima

Clima Tropical =	1 Af clima de bosque continuamente húmedo
	2 Aw clima de sabana periódicamente seco
	3 BS clima de estepa
Clima Seco =	4 BW clima de desierto
	5 CW clima templado – caliente con sequedad en invierno
Clima Caliente–Templado =	6 CS clima templado – caliente con sequedad en verano
	7 Cf clima templado – caliente, húmedo
	8 Df clima frío e invierno húmedo

Clima Boreal =	9 Dw clima frío e invierno seco
	10 ET clima de tundra
Clima de nieve =	11 EF clima de las nieves perpetuas

Para señalar más finamente cada clase de clima, se utilizan otras letras, de ellas las principales:

a la temperatura media del mes más caliente > 22 °C

b la temperatura media del mes más caliente < 22 °C

m la marcha anual de la lluvia está regulada por el monzón

x el máximo de lluvia está al comienzo del verano

Se debe tener en cuenta que este tipo de clasificación nos representa algo parecido a una fórmula matemática pero no hay que considerarla tan exactamente para determinado lugar, es una aproximación. Además, si se utilizan diferentes series, puede ocurrir que ese lugar tenga diferentes tipos de clima.

CLASIFICACIÓN CLIMÁTICA DE TREWARTHA

Debido a que ya conocemos las variaciones en espacio y en tiempo de los elementos climáticos con los que podemos caracterizar los climas, Trewartha preparó una clasificación que contiene principalmente la descripción cualitativa de cada uno de los tipos y no se ocupa con los problemas de delimitación más fina.

Desde el punto de vista didáctico también es muy valiosa la clasificación porque nos brinda una figura muy objetiva de los territorios de la Tierra.

Las columnas principales de su sistema son aquellas regiones climáticas principales que debido a sus grandes diferencias ya fueron reconocidas en los anteriores sistemas. Por ejemplo, la zona tropical, sin invierno, cálida y húmeda, después avanzando geográficamente las dos zonas cálidas calientes, después de las latitudes medianas, la región húmeda que muestra grandes diferencias de temperatura y al final el territorio de las regiones polares.

El sistema de los principales tipos climáticos como también sus subsistemas es el siguiente:

A: *Climas Tropicales Húmedos:*

1 Clima de bosque tropical

2 Clima de sabana

3 Climas áridos de las latitudes geográficas bajas: a) Clima desértico, b) Clima de estepa.

B: *Clima Árido:*

4 Climas áridos de las latitudes geográficas medianas: a) Clima desértico, b) Clima de estepa

5 Clima mediterráneo o subtropical de verano árido

C: *Clima caliente - templado:*

6 Clima subtropical húmedo

7 Clima marino de las costas occidentales

D: *Clima frío – templado:*

8 Clima continental húmedo: a) con un verano prolongado, b) con un verano corto.

9 Clima sub-ártico

E: *Climas de regiones polares:*

10 Clima de tundra

11 Climas de montaña

De lo visto se desprende que el sistema de Trewartha muestra muchas similitudes con el sistema de Köppen, sin embargo, nos es semejante a él. Los tipos de clima de Köppen expresan principalmente diferencias cuantitativas, los de Trewartha, en cambio, diferencias cualitativas.

REFERENCIAS BIBLIOGRÁFICAS

AstroMía (s.f) Movimientos de la Tierra. Recuperado el 14 de julio de 2017, de http://www.astromia.com/tierraluna/movtierra.htm

Adkins C. J. Thermal (1987) Physics. Cambridge University Press ISBN 0 521 337151.

Bencze, P., Major, Gy., Mészáros, E. (1982). Fizikai Meteorológia. Akadémiai Kiadó, Budapest-Hungary

Czelnai, R. (1979). Bevezetés a Meteorológiába I. Tankönykiadó, Budapest-Hungary

Czelnai, R., Götz, G., Iványi, Zs. (1983). Bevezetés a Meteorológiába II. Tankönykiadó, Budapest-Hungary

Dr. Dobosi, Z., Dr. Felméry László. (1977). Klimatológia. Tankönykiadó, Budapest-Hungary

Dr. Péczely, Gy. (1979). Éghajlattan. Tankönykiadó, Budapest-Hungary

Deng Gengbo (2017) ¿Por qué es la luz visible ,"visible"? recuperado el 21 de julio 2017 de http://www.wailaike.net/news-2002626-0.html

Ecured (2017) Radiación infrarroja. recuperado el 18 de julio de 2017, de

https://www.ecured.cu/Radiaci%C3%B3n_infrarroja

Mansilla, H (2014) DEL SISTEMA SOLAR A NUESTRO PLANETA TIERRA. *Recuperado el 14 de julio de 2017, de https://unavidaenlosaromos.blogspot.com/2014/02/del-sistema-solar-nuestro-planeta-tierra.html*

Mier Hoffman, J (s.f) arqueoastronomía recuperado el 14 de julio de 2017 de https://arqueoastronomia.wordpress.com/tierra-planeta/

Mejía,A (s.f) tomado de http://168.176.60.11/cursos/ingenieria/2017279/html/unidad_4/u_4_cont_5.html

Stack Exchange Inc (2017) Which elements have no liquid form at atmospheric pressure? (2017) Descargado el 18 de julio de 2017 de https://chemistry.stackexchange.com/questions/6071/which-elements-have-no-liquid-form-at-atmospheric-pressure

Silvera, E. (2015). Ese fino equilibrio que permite la presencia de la vida.[figura 5] Descargado el 14 de julio de 2017, de http://www.emiliosilveravazquez.com/blog/2015/07/13/

Serra.M & Casado.J & Jiménez.M.(s.f). Seguimiento de la Actividad Solar. Número de Wolf. Descargado el 18 de julio de 2017, de http://astroaula.net/recursos-didacticos/actividades/actividad-solar/

Tes Global (2016) Magnetismo terrestre. Recuperado el 18 de julio de 2017, de http://cnidariabachillerato.wikispaces.com/Magnetismo+terrestre

Wark, K., Warner, C. (1997). La Contaminación del Aire. Limusa, Noriega Editores. México.